噢!
原來你是
小饕客
臺灣野生動物的
覓食手記
人氣生態漫畫家｜玉子
審定｜林大利、曾柏諺

推薦序

用漫畫描繪生物的幽默生態畫家把她的觀察和知識以畫筆告訴你

曾柏諺
臺大生命科學系碩士、
兒少雜誌資深科學編輯

做科普最難的，往往是將內容變有趣，而玉子在這一點上格外拿手。

正因為「做科普的人」面對的大多是對相關領域十分陌生的大眾，而不是原本就滿懷熱忱的愛好者——這些人就算出現在眼前的是以乘載資訊為主的課本、論文，也能啃得津津有味——因此，如何「煽動」大眾心中初萌的好奇火苗、領略科普者眼中所看見的色彩，箇中的「趣味」就成了關鍵技術之一。

很幸運在臺灣有玉子這樣一位不只能寫，還能畫——畫得簡明扼要、嚴謹求真，以及幽默橫生的作者。

玉子除了以彷彿在跟讀者話家常的輕鬆口吻，寫出好消化、好吸收的文字之外，更用充滿萌氣的丹青妙筆將文獻資料中一板一眼的科學內容，轉化成讓人忍不住露出「(ง ˙∇˙)ว」、「(｀・ω・´)」、「(≧▽≦)」等表情的幽默漫畫——誰說科學一定要很嚴肅呢？在《噢！原來你是小饕客》中，可是不知不覺間就讓人輕鬆完食三十五種動物怎麼吃飯、吃什麼當三餐的生物科學！

不過玉子確實也有嚴肅的一面。

收到編輯審定邀約時，最讓我感到震驚的是那份長達十三萬字、用螢光筆劃記無數、橫跨蟲魚鳥獸多元類群的參考資料附錄。

玉子針對書中一筆一畫、一字一句所刻畫的生物們，細膩筆記了牠們的一形一色、一舉一動典出何處，替這本書打下了非常嚴謹紮實的科學地基——在審定時經常讓人默默發出「咦？連這也畫出來啦！」的讚嘆呢。

更珍貴的是，書中提到的所有生物幾乎都是「在地人」——這次我們不用在放下書本後抱著羨慕的心神遊海外，只要選對時節，在國內就能與這些「小饕客」相遇。

至於什麼才是與蓋公寓的栗喉蜂虎、冰淇淋美食家達摩鯊，以及懂得「隨手關門」的臺灣拉土蛛，最佳的相遇時間和地點？當然是快快翻開下一頁，就能知道答案啦！

目錄

Part 1 覓食絕技大公開 9

Part 2

動物饕客日常

77

Part 1 覓食絕技大公開

在生物的世界裡，吃飯可是占了很重要的地位！許多植物可以行光合作用產生能量與營養，但動物就得想盡辦法覓食——諸如培養出高超的覓食技巧、與獵物鬥智，或是種植自己的小農場等，本章節所收錄的各種野生動物攝食絕技呢！

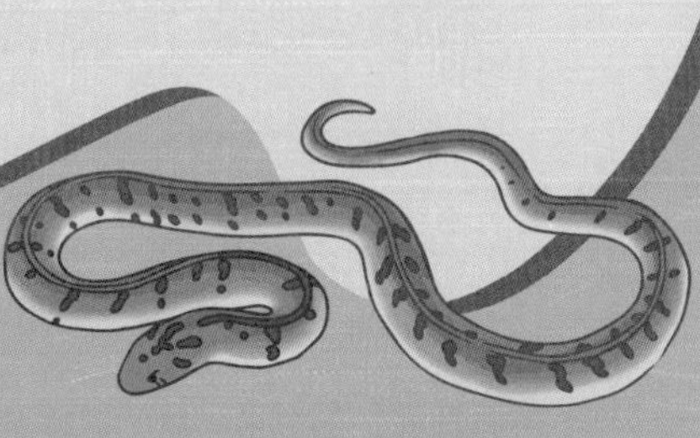

01

黃喉貂 飲食 多元的小可愛

貂屬的家庭成員往往都是孤僻的獨行俠，就黃喉貂你最特別，獵捕相對大型的獵物時，常二至三隻一起合作！這甚至引起了一些學者的討論：黃喉貂是否有一定程度的社會性呢？

在可愛的外表之下，黃喉貂其實是懂得合作的精明獵手，牠們在國外有小群獵捕紅鹿、松鼠、野豬寶寶的例子，在臺灣則會抓山羌，因此又稱為「羌仔虎」。

不過，黃喉貂吃的東西其實很多元豐富，舉凡各種嚙齒類、鳥類、兩棲爬行類，甚至是果實、昆蟲、蜂蜜等等也都會取食。

什麼？黃喉貂吃果實？是的，海外有研究經常提到黃喉貂對果實的愛好，將牠們描述為食果性的機會主義者。臺灣的黃喉貂，也被觀察過取食山櫻花、臺東柿果實！對某些植物來說，活動範圍大又廣的黃喉貂能成為散播種子的媒介，生態角色很重要呢！

黃喉貂不僅食果，還會食蟲喔！南韓學者曾分析黃喉貂糞便中的昆蟲，發現牠們在十月至十一月取食大量的社會性胡蜂！欸？難道不怕被胡蜂螫嗎？學者推測，當地胡蜂因為族群生長期的關係，九月過後雄蜂沒有毒針、習性也較溫馴，也許聰明的黃喉貂就是利用這一點大吃特吃。

黃喉貂在臺灣一直是頗神秘的小精靈，生態方面還有許多未解之謎。希望未來會累積更多資料，讓我們一窺臺灣亞種的生活。

近年時常發現黃喉貂在山屋附近翻找廚餘來吃，這使得牠們更容易被發現到了，但……拜託不要吃那個！不健康啦！人類的食物很香，而且翻垃圾就能找到，對野生動物吸引力很大，曾經就有黃喉貂的頭卡在八寶粥罐子裡，幸好被人解救出來。各位喜歡登山的朋友，讓我們一起守護山林生物的健康，把廚餘跟垃圾帶下山，遵循「無痕山林」的精神吧。

黃喉貂

Martes flavigula

長長的尾巴
黃色的喉部
深褐色的四肢

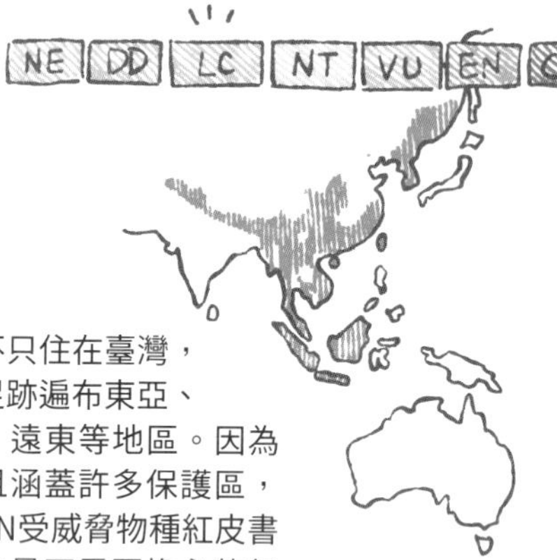
NE
DD
LC
NT
VU
EN
CR
EW
EX

螺旋狀的便便

黃喉貂不只住在臺灣，牠們的足跡遍布東亞、東南亞、遠東等地區。因為分布廣且涵蓋許多保護區，因此IUCN受威脅物種紅皮書將牠列為最不需要擔心的無危等級。

黃喉貂俏皮又鬼靈精怪的跑跳動作，以及毛茸茸的可愛外表真是令人著迷～

住在臺灣的黃喉貂是臺灣特有亞種，在臺灣可是三級保育類野生動物呢！

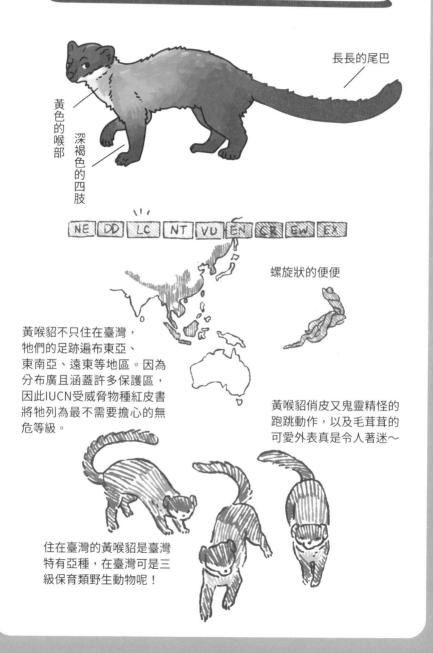

02

八色鳥 森林小廚神

我肚子餓了！
我快憋不住了……不然先拉在門口好了……
爸爸媽媽去好久喔～
忙碌忙碌
嗷嗷
黃口
八色鳥
八色鳥雛鳥
蚯蚓太大隻了，要分段才適合給孩子吃……
會做家事的老公超帥啦～

每年當春季來臨，正是一種「仙鳥」來訪臺灣的季節。Fairy Pitta，指的就是有如仙子一般的八色鳥，牠也因此稱為「仙八色鶇」。

八色鳥來臺灣最重要的任務就是生養下一代！牠們會在森林靠近地面的邊坡上築巢，由雙親一起拉拔孩子長大。有趣的是，八色鳥的飲食有超高比例都是蚯蚓，親鳥出門一趟，嘴裡就會銜著一排滿滿的蚯蚓回來哺育小孩。仔細觀察，竟會發現那時常是被親鳥剪成許多段的大蚯蚓！原來，親鳥把食物叼回來之前，已經把蚯蚓「料理」一番了，也就是以嘴巴將蚯蚓咬斷成好幾份。

我們知道，一些鳥類在給雛鳥吃質地較硬的昆蟲時，會先「料理」一番，像是利用敲打、甩擊把食物分成許多小塊，有助雛鳥進食。但是在蚯蚓專食的鳥類之中，這種行為就讓人感覺很特別，畢竟蚯蚓是軟綿綿的食物呀！

二〇二一年，韓國的研究團隊發表了對這個行為的觀察。發現親鳥一次只會捕捉一隻蚯蚓，親鳥時常將蚯蚓裁分為兩段以上，放在地上再去尋找下一個獵物。當親鳥收集許多獵物之後，會一次撿起帶回巢。此研究還發現，八色鳥在面對雛鳥較小、蚯蚓較長的情況下，裁分蚯蚓的行為會更頻繁，因此這個行為很可能就是為了讓小鳥更容易吞食。

看來八色鳥不只是仙氣十足，還是厲害的「廚神」呢。(咦？)

八色鳥一身美麗的衣裳，為牠帶來很大的盜獵、捕捉壓力。如今，棲地破壞、人為干擾更是影響甚鉅的危機。八色鳥常常棲於水源保護區，有時也會出現在私有地，如果大家都足夠認識這些小仙子，也許就能夠保留一點空間給牠生息。

八色鳥

Pitta nympha

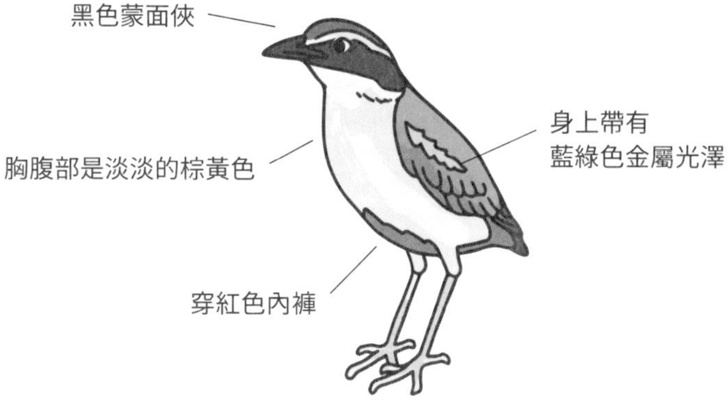
黑色蒙面俠
身上帶有
藍綠色金屬光澤
胸腹部是淡淡的棕黃色
穿紅色內褲

八色鳥跟五色鳥念起來很像，但牠們外形差很多！

五色鳥很普遍，可以在城市和公園看到，牠會在樹上活動與覓食；八色鳥則是地棲型的鳥，喜歡在陰暗潮濕、有點濃密的森林底層蹦跳飛行、翻找地面的蚯蚓來吃。

春
夏
秋
冬

春
夏
秋
冬

八色鳥是臺灣少見的「夏候鳥」，牠們只有在溫暖的季節才會飛來臺灣繁殖（其他繁殖地包含日本、韓國、以及中國），到了九月左右，便會紛紛飛往婆羅洲等南方棲地度冬。

03

魚鷹 全身沒入水中的猛禽

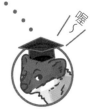

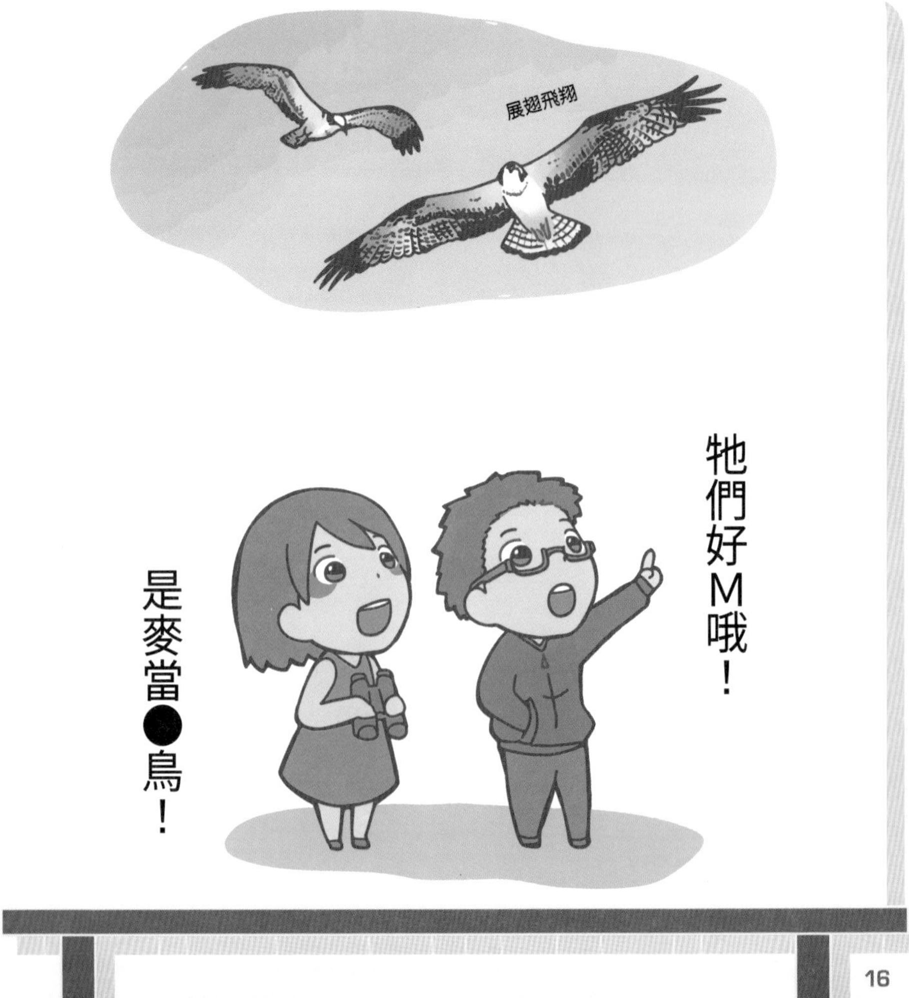
展翅飛翔
牠們好M哦！
是麥當●鳥！

在臺灣的鷹之中，除了大冠鷲、黑鳶等少數種類屬於留鳥之外，大多數屬於冬候鳥或過境鳥，想要一窺牠們的風采，還需要掌握特定的時節和地點，帶上望遠鏡觀察。為了看冬候鳥，有時還需要在冷風颼颼的氣溫中等待。先不要放棄，有一種冬候猛禽個性大方，只要有足夠的耐心，就有機會看到牠捕捉大餐的畫面喔！牠就是喜歡出沒各大湖泊、河川和水庫的「魚鷹」，或稱「鶚」（osprey）。

魚鷹的外表羽色不難認，但是當猛禽飛高飛遠的時候，往往只剩一道小小的黑色剪影，肉眼和照片都看不出顏色。因此，賞鷹的必備技能還有「看輪廓」——像是看翼展和體長的比例、看頭形、尾形、翼形、指叉數目，以及平視時的「翼面角度圖」等等依據。賞鷹的眉眉角角還真多呢！在這眾多的剪影之中，魚鷹可說是超容易辨識，牠飛行時雙翼會呈現M字形，因此被賞鳥人戲稱是「麥當勞」。

魚鷹顧名思義是專吃魚的猛禽，這個食性會令我們想起同樣愛吃魚的黃魚鴞，不過牠們抓魚的方式稍有不同。黃魚鴞偏好捕食淺水域的魚，而魚鷹則伸出爪子直直衝進深水潭，牠可能會被魚拖下去、全身沒入水中，唯有用力鼓翅、與獵物搏鬥，最終才能帶著「澎湃」的便當離水，真是太帥氣了！為了抓穩滑溜溜的魚兒，魚鷹擁有能夠轉動的外趾（見後頁小圖）。

度冬時期的魚鷹領域性不強，因此我們在同一片水域上，常常可以見到數隻魚鷹共享這個餐廳。個性溫和的魚鷹都會自己抓新鮮的獵物，不會像黑鳶那樣去搶別人抓的魚。對賞鳥人來說，也足以看個過癮了！想觀賞魚鷹的時候，不妨到附近乾淨的湖泊或河川走走，用望遠鏡檢視水邊的枯木和湖面，你或許就會看到帥氣的魚鷹喔！

魚鷹

Pandion haliaetus

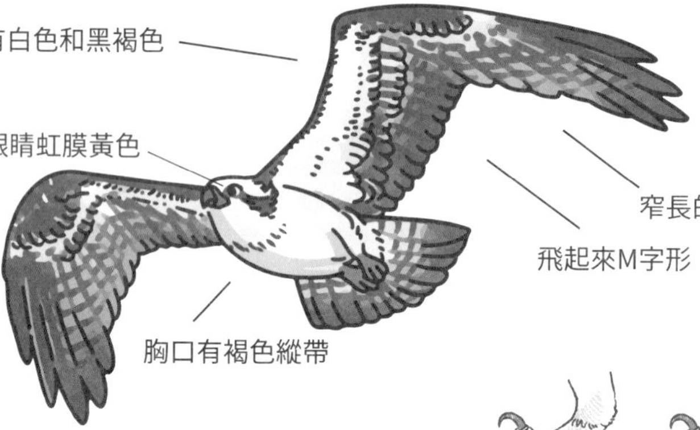
羽色有白色和黑褐色
眼睛虹膜黃色
窄長的翼型
飛起來M字形
胸口有褐色縱帶

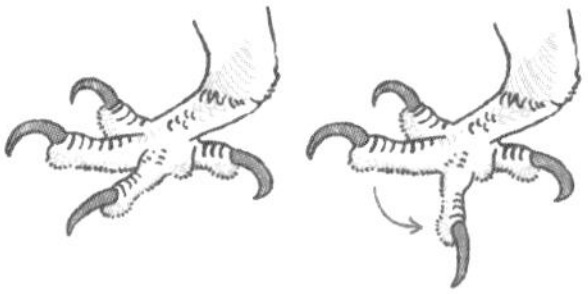

魚鷹擁有能夠轉動的外趾

部分地區和古籍也會將另一種鳥稱為魚鷹，但這種鳥在臺灣稱為「鸕鶿」，一種鸕鶿科（Phalacrocoracidae）的成員，千萬別搞混啦！（本書也有介紹鸕鶿喔！）

雖然說魚鷹在度冬期領域性低，但在繁殖期會捍衛巢位喔！

04

紅隼 懸停小天才

我是駕馭
風的天才！
看我使出
懸停！
紅隼
定點懸停
看清楚獵物！
黑翅鳶
請認明～
小弟不需要風
也可以懸停～
吸蜜蜂鳥

提及「懸停」，也許有人會想起在空中定點盤旋的直升機。在鳥類身上，我們也可以觀察到牠們在空中維持定點不動的模樣！對於一些鳥兒來說，懸停可是一種覓食妙招！

究竟鳥是如何達到懸停的呢？其實鳥類懸停的原理有分兩類：一是靠自身力量達成懸停，這只有蜂鳥能做到！另一種方式，則是在空中找到平衡點的御風者。在臺灣，我們可以觀察到紅隼、黑翅鳶、翠鳥、小雲雀等鳥類展現這樣的技術。

如果沒有像蜂鳥那樣的特製身體要如何懸停呢？答案是在逆風飛翔時，以相同的速度飛入風中，找到平衡點來維持不動。

紅隼、黑翅鳶、翠鳥的懸停是為了讓頭部定格，以專心檢視地面上的獵物，畢竟仔細看清楚才能提高牠們捕獵的成功率！紅隼與黑翅鳶會在草原跟農耕地上空懸停以尋找小型鳥類和鼠類，而翠鳥則尋找水面下的小魚。一旦看到獵物，牠們便向下俯衝捕捉。其中，紅隼更是個有名的御風者，牠有個英文俗名wind-hover，直譯就是「風盤旋」呢！

至於名字可愛的小雲雀，懸停倒不是為了覓食，而是公鳥在繁殖季耍帥的方式。小雲雀公鳥會在空中定點振翅並發出一連串多變的叫聲，這個酷模樣也吸引了人類的目光，並賦予牠「半天鳥」的暱稱。

同樣都是定點滯空行為，卻也可以從中看見鳥兒的多樣性，下次出外踏青不妨留意看看天空，一起觀察有趣的行為吧！

紅隼

Falco tinnunculus

眼圈是黃色的
背與翅膀為磚紅色，佈滿了菱形或箭頭一般的斑點
眼下有一條暗色的條狀斑，很像小鬍鬚，稱為鬚斑
＊（本圖為公鳥）

逆風飛行的紅隼

蜂鳥完全靠自身力量達成懸停，牠們的身體夠小、拍翅頻率高。

蜂鳥的肩關節特殊，允許牠在不收翅的狀態旋後翻轉翅膀，呈現∞字形的扇擊方式飛行，以此產生足夠的抬升力維持體重，穩妥地定點吸食花蜜。

05

蜂鷹衝「蜂」陷陣

衝蜂陷陣！
不畏蜂雨！
東方蜂鷹會輪番衝撞、破壞蜂巢，以取食幼蟲跟蜂蛹！
東方蜂鷹
所以你是鴿派還是鷹派？
蛤！沒禮貌！
猛禽界鴿子臉
這個蜂巢怎麼是方形的？
咕？
大冠鷲
鴿子
哇蜂鷹好帥！但我的蜜蜂嗚~

大家認知的猛禽往往是捕捉老鼠、蛇類為主食，然而東方蜂鷹的主菜倒是令人印象深刻！蜂鷹的名稱就顯示了牠們奇特的食性——以蜂為主食，就連虎頭蜂也不放過！

不過，蜂鷹的目標並不是成蜂，而是柔軟沒有攻擊力的幼蟲跟蜂蛹。為了揭開蜂巢的重重保護、蜂鷹會以衝撞的方式破壞巢體，讓幼蟲暴露出來，也讓蜂群湧出禦敵；為了避免蜂群集中火力攻擊，蜂鷹還會進行團體戰、一隻隻輪番上陣，讓蜂群難以招架。林業及自然保育署出版的「九九蜂鷹」影片就清楚記錄了這樣的行為，讓人看了不禁為蜂群捏了一把冷汗！集體獵食的行為在猛禽之中並不常見，因此蜂鷹很特別喔！

話說回來，竟然連虎頭蜂都能制伏，難道蜂鷹不怕被叮咬嗎？原來蜂鷹的臉部有細小如鱗的羽毛，螫針難以穿透；再加上蜂鷹會稍等到一些成蜂傾巢而出、外出禦敵，再開始進食。大自然很神奇，「一物降一物」。

蜂鷹相對小的頭部更有利於牠們伸進蜂窩吃大餐，這個小小的「鴿子頭」在飛行的時候會更明顯，是辨識牠們的其中一項特徵。沒錯……與其看羽色來辨識牠，不如看牠的頭部比例，因為蜂鷹可是出了名的羽色多變，幾乎找不到兩隻羽色相同的。蜂鷹的羽色豐富多變不規律，時而像熊鷹、時而像魚鷹，時而又像大冠鷲，常讓賞鳥人們傻傻分不清楚在現場大崩潰，蜂鷹也因此獲得了「千面食蜂鳥」的稱呼。

除了以蜂為主食之外，蜂鷹也會捕捉各種蛇類、蜥蜴、蛙類來吃。下回走進原始林與次生林，別忘抬起頭探尋這位「捕蜂捉蛇」的酷猛禽囉！

東方蜂鷹

Pernis ptilorhynchus

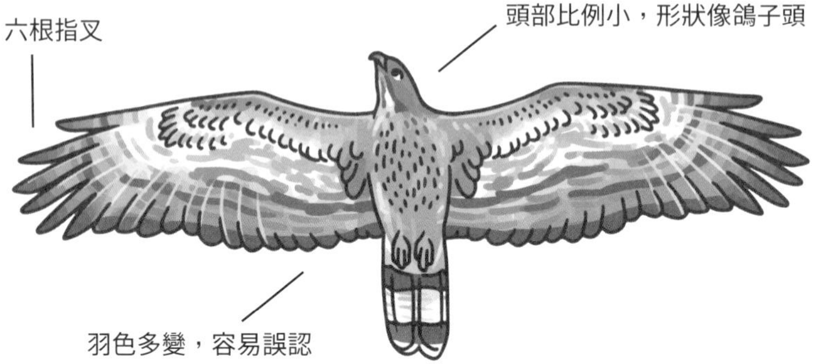
六根指叉
頭部比例小，形狀像鴿子頭
羽色多變，容易誤認

部分拍鳥人為了美圖，會將蜂窩架在木樁上等待蜂鷹。然而生態攝影的精髓在於認識生物習性、推測行為、探尋、鬥智的過程。當照片只剩下構圖，就喪失這份精神了。

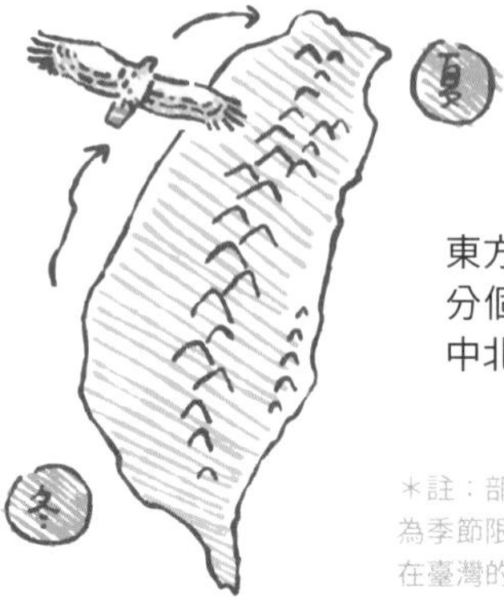
夏
冬

東方蜂鷹在臺灣屬於留鳥*，部分個體具有島內遷徙性（夏季中北部、冬季主要在南部）。

＊註：部分鳥類的繁殖地與度冬地不同，成為季節限定的候鳥；至於那些一年四季都待在臺灣的鳥類，就是臺灣的「留鳥」。

06

革龜 循「刺」漸進！

二〇二二年二月初有一隻珍稀的革龜滿身纏繞著垃圾，擱淺在臺灣的海岸，令兩棲爬行類愛好者十分關注。很可惜地，這隻革龜沒能熬過來，讓大家都感到十分不捨。在臺灣海域分布的五種海龜中，革龜是最難邂逅的一種，我們也對牠比較陌生。

讓我們觀察革龜的嘴巴內部……哇啊！為什麼會有這麼多倒刺？其實，這個構造在其他海龜的食道裡也都有喔。這究竟有什麼用途？原來，海龜在進食的時候，總是免不了將食物跟著海水一起含進嘴裡，海龜需要避免在吐出海水的時候，同時吐掉食物。而這些刺的構造便能有效地把食物留下來。革龜的嘴有如剪刀，精巧又脆弱，食物只挑軟的吃（水母、被囊類與其他柔軟的生物）。以水母為主食，革龜更需要有效地抓住獵物，也許是因為這樣，牠們連口腔裡都有刺狀構造。革龜的上顎還特化出兩個明顯的尖端，好似釘書機，能有效咬破水母！

其實，每一種海龜的食性都略有差異，這些習性也可以從牠們的嘴喙看出一點端倪，諸如綠蠵龜鋸齒狀的嘴喙有利於取食海草與藻類；玳瑁擁有較窄的頭部與角度小的吻部，適合在珊瑚礁岩縫隙之間取食海綿；赤蠵龜、肯氏龜粗厚的嘴喙善於咬碎、研磨，牠們的菜單包含甲殼類動物、軟體動物、以及魚類；欖蠵龜跟平背龜為雜食性，牠們的嘴喙更萬用，既有粗厚善咬碎的特性，嘴喙外緣還很鋒利。

革龜喜歡吃水母，讓牠容易誤食塑膠袋，海洋廢棄物成了牠的生存危機之一。此外，漁業混獲、海龜與卵的採集與食用、覓食與產卵棲地流失，以及船隻衝撞，也對牠們造成很大的傷害。革龜是遠洋的物種，生活範圍跨及許多國家，因此保護牠們的行動就更需要國際之間的合作與努力了！

革龜

Dermochelys coriacea

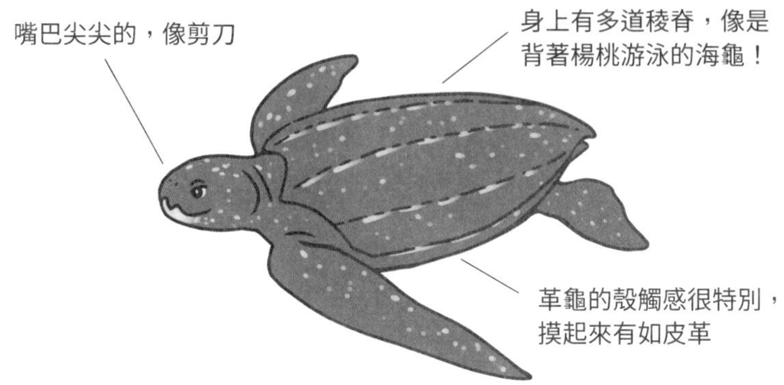
嘴巴尖尖的，像剪刀
身上有多道稜脊，像是背著楊桃游泳的海龜！
革龜的殼觸感很特別，摸起來有如皮革

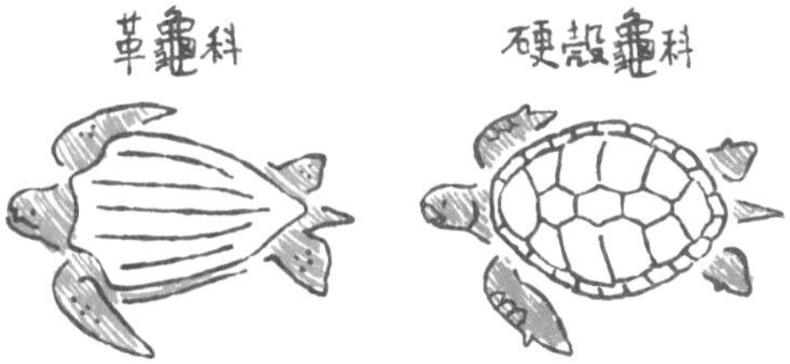
革龜科
硬殼龜科

全世界的海龜共有七種，可分為蠵龜科（Cheloniidae）和革龜科（Dermochelyidae）。只有革龜屬於革龜科，其餘六種皆屬於蠵龜科。蠵龜科的龜殼由骨板組成，唯有革龜的「龜殼」由數百塊小骨板組成。

革龜的生長不受限於硬殼，所以可以持續成長到另一個量級，背甲可以長達一五〇至二五〇公分，體重可達五百至一千公斤！龐大的身軀大幅超越其他海龜，成為全球體形最大的海龜！

07

鈍頭蛇 被獵物激發超能力

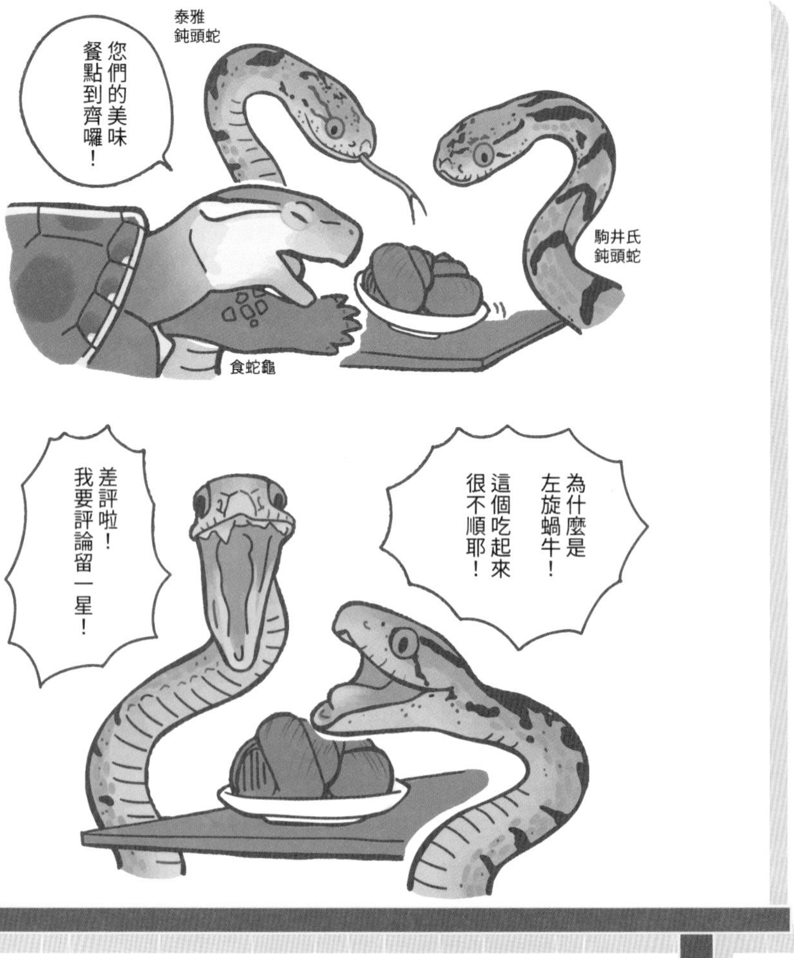

鈍頭蛇是一群長相呆萌、溫馴無害的小型蛇，目前臺灣共有三種，分別為臺灣鈍頭蛇、駒井氏鈍頭蛇，以及泰雅鈍頭蛇。樹棲的蛇類大多擁有修長的身體，鈍頭蛇也不例外，牠們擅於攀爬樹木尋找大餐。其實，鈍頭蛇的食性很特別，跟印象中蛇吃青蛙、老鼠不同，鈍頭蛇竟然專吃蝸牛和蛞蝓呢！

蝸牛的殼有分為「左旋」和「右旋」兩種旋轉方向！而自然界中絕大多數的蝸牛都是「右旋」的。想要吃到美味的蝸牛肉，鈍頭蛇得咬住殼口，順著旋轉方向，以右下頷為主力將蝸牛肉勾出來。在這種長期對戰之下，鈍頭蛇的右下頷演化出更多的牙齒，呈現左右下巴不對稱的特殊情形。鈍頭蛇把「右撇子技能」點這麼高，遇到「左旋」蝸牛的時候，就怎麼吃都不順！實在吃不到蝸牛，就只能放棄啦！

臺灣的學者二〇二一年在國際期刊上發表他們的最新發現——在這三種鈍頭蛇之中，臺灣鈍頭蛇其實是蛞蝓專食者，牙齒也是之中最對稱的。居住地重疊的泰雅鈍頭蛇就苦惱了，因為最容易取食的蛞蝓會先被吃掉，泰雅鈍頭蛇若想生存就得更有一套。學者們發現，泰雅鈍頭蛇演化出了最不對稱的牙齒，牠吃蝸牛的效率是三種鈍頭蛇之中最高的。

沒想到最有趣的是駒井氏鈍頭蛇。駒井氏在臺灣島上有西部和東部族群，同物種的不同族群竟演化出不同對稱程度的牙齒！原來，西部族群需要與臺灣鈍頭蛇競爭，演化出不對稱的牙齒；東部族群沒有和其他鈍頭蛇共域，所以安逸的東部族群牙齒是對稱的。這個故事似乎告訴我們，安逸的環境無法培養出獨門絕技，競爭對手的存在會激發出我們的強大！

鈍頭蛇屬

Pareas sp.

想要辨識臺灣的鈍頭蛇，看眼睛顏色和地理分布最簡單。

黃眼睛、住臺灣中南部和東部是駒井氏鈍頭蛇
黃眼睛、住臺灣北部是泰雅鈍頭蛇
擁有紅眼睛的臺灣鈍頭蛇

將蝸牛的殼頂朝上、殼口面對我們，你會發現有的殼口朝右，有的朝左。

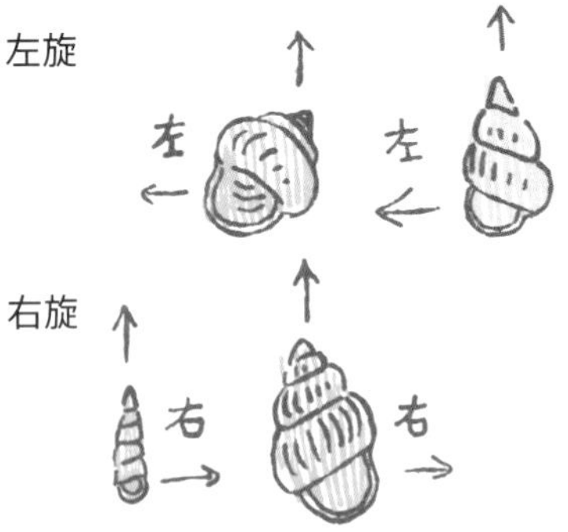
左旋
左
左
右旋
右
右

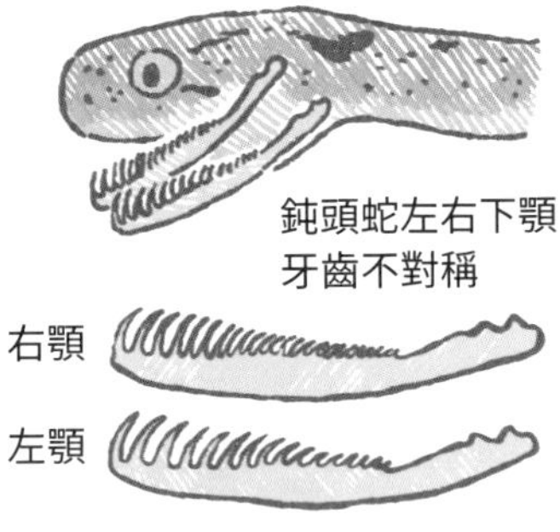
鈍頭蛇左右下顎牙齒不對稱
右顎
左顎

愛攀樹的鈍頭蛇

08

鯨鯊 海中濾食吸塵器

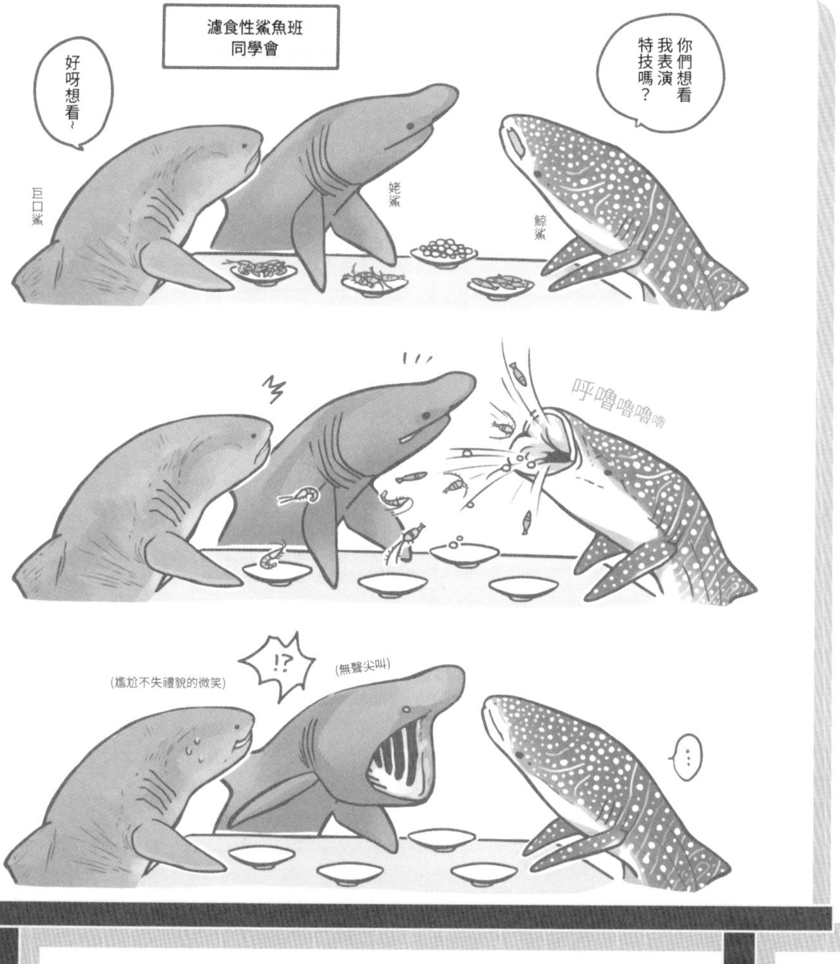

「鯨鯊」究竟是鯨還是鯊呢？牠既不是鯨魚，也不是金○巧克力……而是一種溫順的鯊魚。

世界上只有三種濾食性鯊魚：巨口鯊、姥鯊（象鮫），以及鯨鯊。濾食性鯊魚不會透過牙齒捕食獵物，而是以特化的鰓過濾海水，將營養的浮游生物留下來。這三種鯊魚都懂得徐徐向前游泳並張開嘴巴過濾水流，以從容溫和的方式覓食。不過，除了上述的方式之外，鯨鯊還有一個奇技：開口「吸水」，用更快的速度把營養物質吸進嘴裡，即使待在定點也能進食。這個技能讓牠得以吃到更多類型的獵物。環保組織曾於二○一二年在印尼紀錄到鯨鯊「吸走漁網中的魚」，這畫面光想像就很有趣呢！

鯨鯊廣泛分布在南北緯三十至三十五度之間的海域，時常會在零星的地點、特定季節群聚，數量多的時候甚至多達數百條。群聚的鯨鯊時常伴隨著季節饗宴一同出現，比如說各種魚兒和珊瑚剛產下的子子孫孫，或是正在蓬勃長大的頭足類和甲殼類。

鯨鯊的聚集地包含澳洲西部、貝里斯、猶加敦半島、下加利福尼亞、墨西哥、印度、吉布地、臺灣、日本，以及菲律賓。在各地沿岸季節性的群聚中，我們主要都還是看到未成熟的小鯊魚居多。對於鯨鯊其他階段的生活史，我們知道得非常少，甚至關於牠們是如何交配、在哪裡生寶寶，到目前為止都還是超級神祕。至少，各地的季節饗宴對小朋友鯨鯊而言，應該有一定程度的重要性，要避免破壞這些環境和資源。

鯨鯊以前在臺灣東部與南部海域不難遇見，但牠們獲饕客喜愛而遭到過度捕撈，近年要在臺灣海域看到鯨鯊已經是件難得的事了。目前臺灣已將鯨鯊列入「海洋保育類野生動物名錄」，不可以任意宰殺、買賣。

鯨鯊

Rhincodon typus

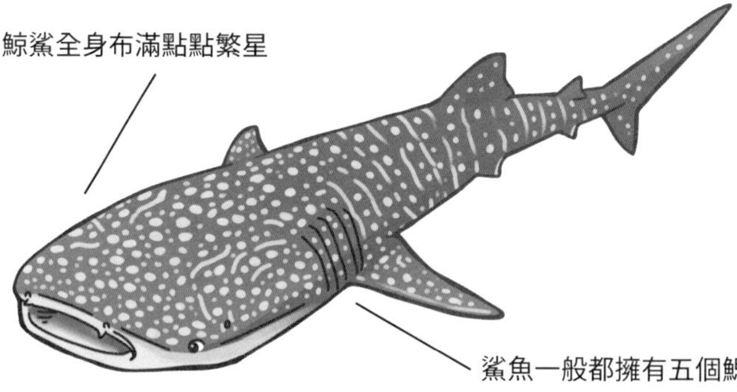
鯨鯊全身布滿點點繁星
鯊魚一般都擁有五個鰓裂

鯨鯊美麗的外觀和溫和的性格，使牠成為潛水人的夢幻共游物種。

近日有研究透過分析鯨鯊的蛋白質與胃內含物，發現牠們除了吃小魚卵、小蝦蟹，也極有可能消化藻類喔！

菲律賓、澳洲西部等地發展鯨鯊生態旅遊，卻也衍生干擾鯨鯊的疑慮。（餌料汙染水質、影響遷徙行為；與船隻過近造成割傷；遊客行前教育不足觸摸干擾鯨鯊）

人鯊共好是個美好的方向，也期望有合適的教育跟管理以降低人類對生態的干擾。

09

僧帽水母 分工合作的團隊

喔~

僧帽水母
圓鯧
總覺得你長得很像什麼來著……
哎呀~
人家說我很像是僧人戴的帽子，所以稱我為僧帽水母，是不是很帥呀？
藍色大水餃。
喂！小等一下！
sió-tán-tsit-ē

你知道什麼是「葡萄牙戰艦」嗎？在臺灣，我們更常聽到牠的另一個俗名——僧帽水母。僧帽水母外觀醒目，又藍又紫的魔性顏色加上漂浮在水面上的「空氣帆」更是特別，瞧牠隨著海風航行的樣子，非常適合搭配加勒比海盜配樂！

其實，僧帽水母並不是「一隻動物」，僧帽水母的受精卵會發育出分工精細的刺絲胞生物群體，牠們有的負責揚帆、有的負責毒死獵物，有的負責以化學物質消化獵物，有的則為了繁殖而製造配子，全員共組成一大坨水螅體團隊。這種類型的生物不是真水母，而是「管水母」(Siphonophores)，大多居住於深海中，因為構造脆弱的關係，我們很難收集到完整的樣本，對管水母的認識也比較少。僧帽水母可說是這群生物中，最有名又最容易邂逅的傢伙了。

僧帽水母的毒觸手具有神經毒素，誤傷民眾的事件時有所聞。這些毒觸手能在僧帽水母漂流大海的日子裡碰觸到一些好奇的小魚，進而以毒觸手糾纏、拉住牠們，收網後也成就了團隊的大餐。僧帽水母有時會被海浪拍打上岸，請記得擱淺的僧帽水母還是具有毒素，要是因為好奇而觸摸，會被螫傷而劇烈疼痛喔！萬一真的不幸被纏繞螫傷了，請避免直接用手移除僧帽水母，可以隔著毛巾或衣服抓取。接著切勿以清水或酒精搓洗患部，那樣會使刺絲胞更深入傷口，或刺激更多刺絲胞發射。最正確的方法是聽從醫生的建議喔！

臺灣海域諸如基隆和平島、綠島、臺東等地，就曾經有新聞報導僧帽水母的出現。這種奇特的生物，其實距離我們很近呢！未來到海邊玩耍，不妨多認識海中的朋友們，同時不要隨意觸摸不認識的生物，這可是保護彼此的不二法門喔！

僧帽水母

Physalia physalis

浮囊幫助僧帽水母漂浮海面上
負責繁殖後代的水螅體
負責消化食物的水螅體
長長的觸鬚上有毒素刺細胞，負責捕食獵物，往上傳給消化團隊

圓鯧（又稱雙鰭鯧、水母鯧；*Nomeus gronovii*）會啃食僧帽水母的觸手

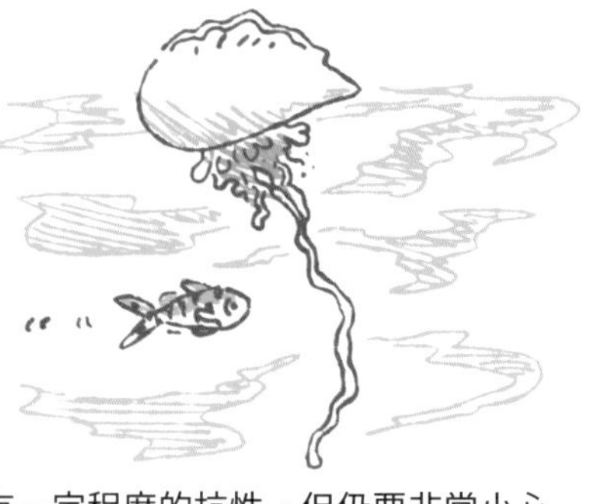

牠對觸手的毒素擁有一定程度的抗性，但仍要非常小心

10

赤背松柏根吃蛋絕活

喔～

哇賽，住蘭嶼的同類居然會吃綠蠵龜蛋，也吃太好了吧！
傷痕累累
你不知道我為了吃那些蛋經歷了多少種內戰役……
被你吃掉惹？

竟然有蛇的名字這麼酷：赤背松柏根！這種蛇隸屬於小頭蛇屬，頭頂的人形紋是牠的特徵。小頭蛇屬的蛇類喜愛吃蛋，大家暱稱為「蛋蛋蛇」。

聽到吃蛋的蛇，我們會想像蛇類將整顆蛋完整吞食，再從體內壓碎、消化。然而小頭蛇可不一樣，牠們特化的上頜齒有如利刃，只要割破革質卵，再將頭伸進破口吸食蛋液就行了，對蛋蛋蛇來說沒有整顆吞食的必要。

什麼是革質卵？不同於雞蛋的堅硬外殼，一些爬行生物的卵有如包覆著皮革，質地有韌性。比起堅硬的雞蛋殼，革質卵更容易劃破，也是小頭蛇的主要食物。

赤背松柏根的分佈包含臺灣本島、蘭嶼、綠島、馬祖和小琉球。而其中蘭嶼的赤背松柏根有許多精采的生態故事，在臺灣兩棲爬蟲學家黃文山的努力之下，我們得以窺探赤背松柏根的日常。

剛剛說赤背松柏根喜歡吃爬行生物的革質卵，對吧？你能想像生活在蘭嶼的赤背松柏根會吃哪些爬行生物的卵嗎？答案竟是「綠蠵龜」的卵！

根據觀察，在蘭嶼海龜上岸產卵的時節，赤背松柏根在同種之間會出現爭地行為，尾巴上就常有被同類咬過的痕跡，而且受傷情形比臺灣本島更常見、更嚴重！看來為了搶食營養的綠蠵龜蛋，牠們也是豁出去了！

蛋蛋蛇是一群超級酷，又很有故事的蛇。有機會不妨選在溫暖時節到城郊散步夜觀，也許就會遇見蛋蛋蛇喔！

赤背松柏根

Oligodon formosanus

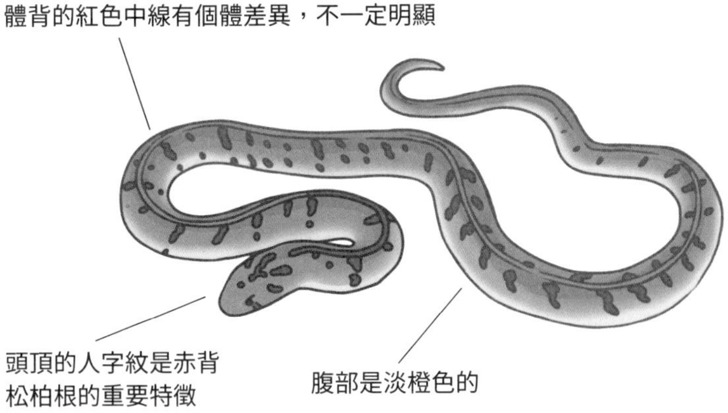
體背的紅色中線有個體差異，不一定明顯
頭頂的人字紋是赤背松柏根的重要特徵
腹部是淡橙色的

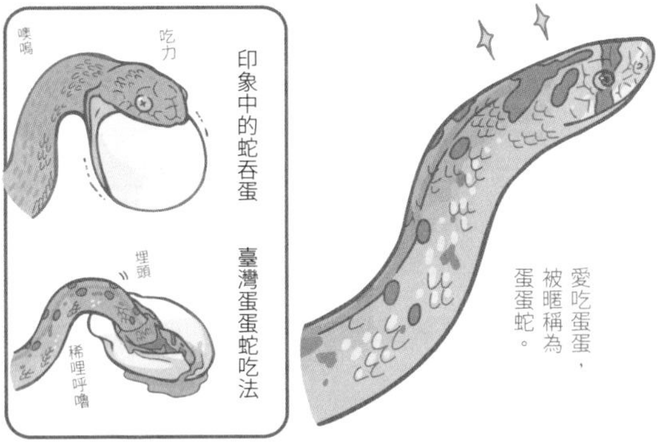
噢嗚
吃力
印象中的蛇吞蛋
埋頭
稀哩呼嚕
臺灣蛋蛋蛇吃法
愛吃蛋蛋，被暱稱為蛋蛋蛇。

赤背松柏根在國內外都曾有捕食亞洲錦蛙的影像紀錄，其中有些案例就像在吸食蛋液一般，先劃破花狹口蛙的肚皮再吸食。

臺灣的另一種蛋蛋蛇「赤腹松柏根」肚子很漂亮有如鋼琴鍵，與紅竹蛇、金絲蛇和高砂蛇合稱為「臺灣四大美蛇」。

11

臺灣土白蟻
蟲蟲的開心農場

發現「雞肉絲菇」！
傳說中最美味野菇！
臺灣土白蟻
臺灣體型最大白蟻，翅膀為黑色，俗稱「黑翅土白蟻」。
向下挖掘……
菇菇的根基竟然直通土白蟻窩！
這個部位有我生存必要的營養，我最愛吃了。
臺灣土白蟻就像農夫，打造「菌圃」，培養真菌。
菌絲長出可口的白色小菌球。
我把營養濃縮在菌球的孢子中，白蟻吃下肚為我散播！
到了梅雨季，臺灣土白蟻王子公主離巢分飛，帶著菇菇孢子開拓新王朝囉！

奇怪，白蟻不是又小又白的嗎？怎麼每到梅雨季就會出現有翅膀的形態呢？其實，有翅白蟻都是少數地位崇高的王子與公主，牠們為了創立自己的帝國而飛出老家。落地後翅膀會自然脫落，開始找尋配偶，成為新王與新后。也就是說，白蟻大量飛舞的季節就是族群向外擴散的終身大事！

觀察成群飛舞的白蟻，有些翅膀是透明的，有的則是黑色的。這些黑翅的白蟻為臺灣體型最大種，人稱臺灣土白蟻，或黑翅土白蟻。關於牠們，有一段有趣迷人的同盟關係，你一定很難想像這種白蟻竟然會栽培菇菇農場！

據說臺灣最好吃的野菇吃起來有如雞肉一般柔嫩鮮甜的滋味，人稱「雞肉絲菇」。雞肉絲菇學名為 *Termitomyces eurrhizus*，仔細一看便會發現牠的屬名即是白蟻（termites）和菇（-myces）組成的字，從中就能瞥見兩者有趣迷人的共生關係。雞肉絲菇無法人工栽培，只能與土白蟻搭配形成專一性很高的互利共生關係。

土白蟻的巢穴位於土中深處，平時會栽培雞肉絲菇，認真管理的白蟻窩不會出菇*，若看見雞肉絲菇通常則意味著地下有一個衰弱的白蟻巢。雞肉絲菇菌傘正中央會有一個明顯的尖頂，以幫助自己長途跋涉、順利鑽出土壤。不過，雞肉絲菇的外形很容易與其他菇類混淆，我們時常在梅雨季節聽聞有人誤將綠褶菌當作雞肉絲菇吃下肚而中毒的壞消息。綠褶菇屬於常見於公園草皮上的菇類，菇帽正中央密布許多褐色鱗片，菌褶在成熟後還會轉變為灰綠色，也是其得名「綠褶菇」的原因。總而言之，還是不建議大家採食路邊陌生的野菇來吃喔！

*註：菇的生長包含兩個階段，在腐植質生長的菌絲時期，以及長出菇體的時期，後者就是「出菇」。

臺灣土白蟻/黑翅土白蟻

Odontotermes formosanus

白蟻的形態：

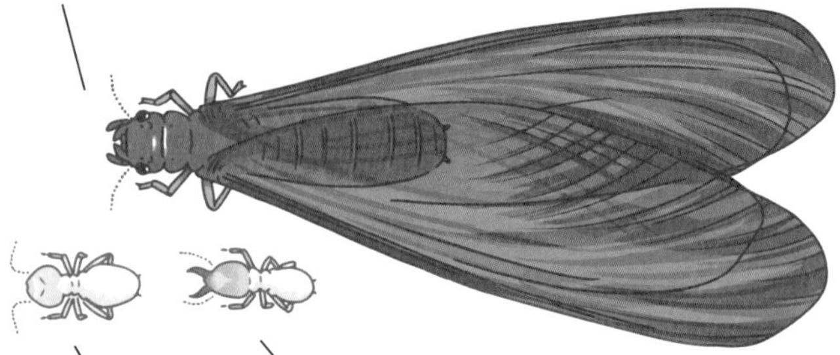
有翅生殖型階級：新誕生的王子和公主
兵蟻階級：當兵打仗，抵禦外敵！
工蟻階級：一輩子的打工仔

除了臺灣土白蟻之外，國外有名的切葉蟻也善於經營開心農場。牠們將葉子切小塊帶回並非為了吃葉子，而是以此養育蟻巢中的真菌，那才是牠們的餐點！

臺灣的常見的五種白蟻有翅生殖型態：

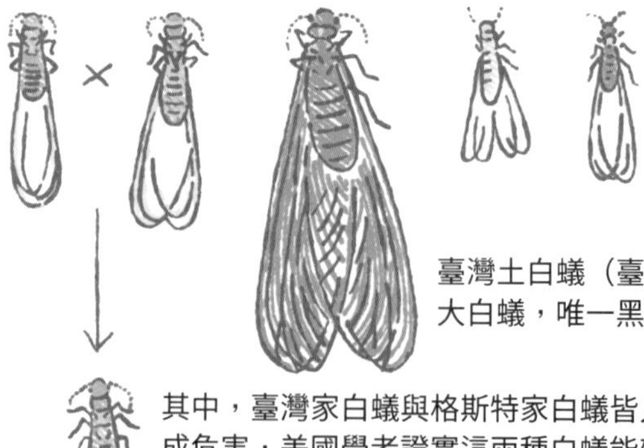
臺灣家白蟻
截頭堆砂白蟻
格斯特家白蟻（菲律賓入侵種）
×
黃肢散白蟻
臺灣土白蟻（臺灣最大白蟻，唯一黑翅）

其中，臺灣家白蟻與格斯特家白蟻皆入侵世界各地造成危害，美國學者證實這兩種白蟻能雜交產下適應力更強的「超級白蟻」。由於臺灣正是這兩種白蟻分布重疊的區域，二〇二四年四月，中興大學昆蟲學系教授李後鋒研究團隊發表：臺灣竟存在雜交白蟻的野外族群，發現地都在臺中！

12

蟻獅 吃螞蟻的地獄閻羅王

你知道有的昆蟲會製作陷阱捕捉獵物嗎？也許你曾經在山上、海邊的沙地上看過漏斗狀的小坑洞。在漏斗最深處就守著一隻「蟻獅」。顧名思義，蟻獅的主要獵物便是螞蟻這類小型昆蟲，誤入沙漏陷阱的小蟲陷入流沙地獄，等在中心的蟻獅就像閻羅王用大顎夾住獵物、注入毒液以後大快朵頤。

蟻獅的獵食行為很特殊，再加上牠胖胖的腹部，因此也叫做「沙豬」或「肥豬仔」。不過，你以為蟻獅一輩子就長這樣了嗎？那可不是！其實我們所認識的蟻獅就是蟻蛉的小孩。蟻蛉跟蝴蝶一樣是完全變態的昆蟲，幼蟲會經歷蛹期的巨大蛻變，成為成蟲。你一定很難想像這些擁有大顎、身體胖胖的蟻獅長大以後竟然會變成有氣質的成蟲。蟻蛉成蟲乍看之下有點像豆娘，但牠的觸角末端膨大像棒子，翅膀還能貼近身體收合起來，怎麼看都是一類超酷的昆蟲。蟻蛉是一個統稱，歸類在蟻蛉科，其中包含許多不同的物種。

值得提醒大家的是：並非每一種蟻蛉幼蟲都會製造沙土陷阱！也有一些蟻蛉幼蟲不會製作凹型漏斗，而是單純用沙子將自己蓋起來，只露出一部分的眼睛和螯，也就是埋伏型蟻蛉。埋伏型蟻蛉幼蟲的眼睛通常比較突出。

我們之所以比較熟悉蟻蛉的幼蟲，也許是因為牠們都固定在一處等待獵物，眼尖的孩子們時不時可以丟一隻螞蟻下去、或者用細草桿引誘蟻獅露臉，這個新奇的觀察對象自然在大家心中留下印象。相較之下，蟻蛉成蟲只在晨昏、夜晚出沒，飛行能力也不強，時常停棲在幼蟲棲地附近的草木灌叢中，因此比較不為人所認識。但如果你留意，夜晚的窗外就有機會看見被燈光吸引的蟻蛉成蟲喔！

蟻蛉科

Myrmeleontidae

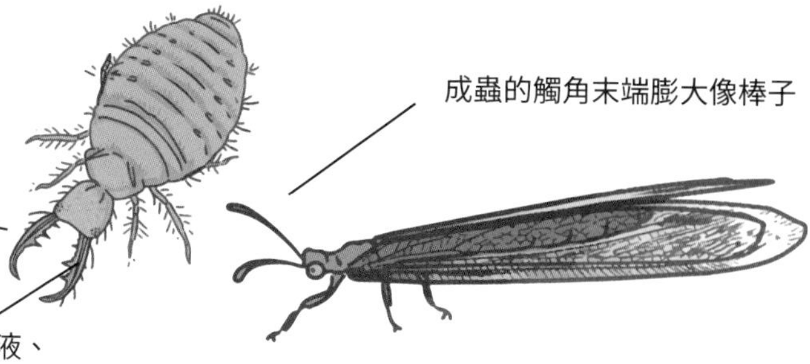
大顎負責
壓制獵物
小顎注入毒液、
消化獵物
成蟲的觸角末端膨大像棒子

蟻蛉生活史

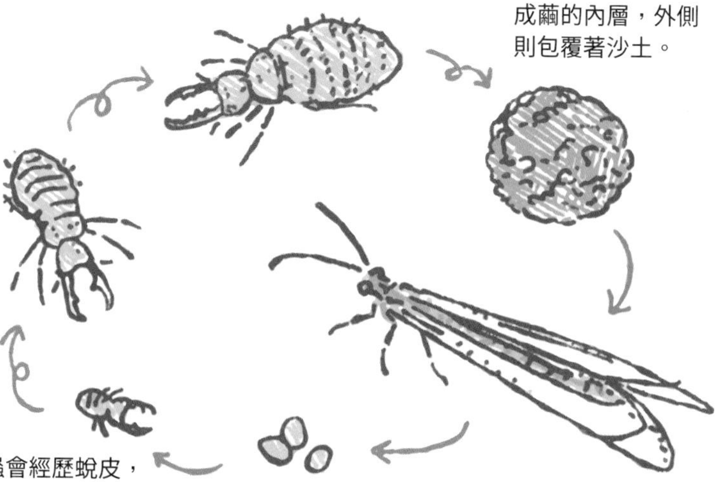
化蛹前，會從屁屁
製造絲線，纏繞形
成繭的內層，外側
則包覆著沙土。
可動蛹會用大顎切開
繭羽化，而後選擇一
處地方攀附展翅。
幼蟲會經歷蛻皮，
走過一齡、二齡、
三齡*的進程。

* 我們每過一年會增加一歲，但昆蟲寶寶的算法不一樣，牠們每脫一次皮就會長大一點，也會增加齡數喔！

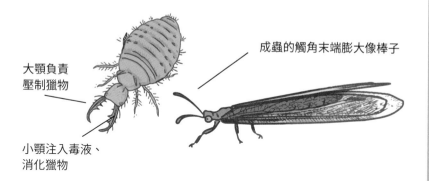

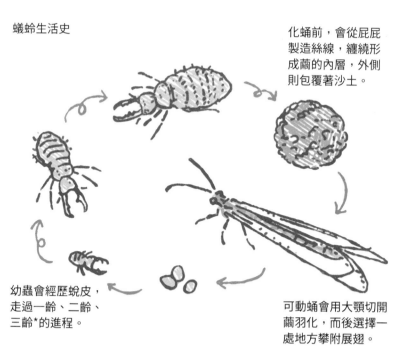

13

潛蠅 潛伏
食物裡的畫家

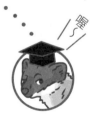

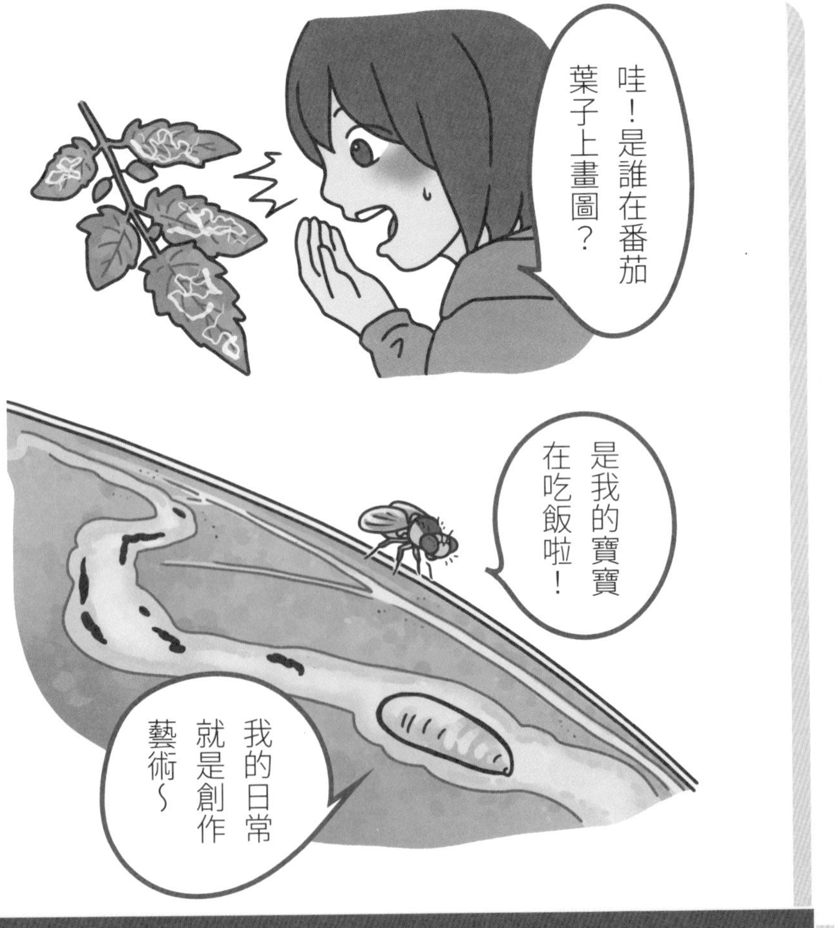

哇！是誰在番茄葉子上畫圖？
是我的寶寶在吃飯啦！
我的日常就是創作藝術～

你有沒有在農田裡看過被鬼畫符的葉子呢？低頭一看，綠葉內有半透明的彎曲路徑。這是怎麼造成的呢？

原來，這來自於我們俗稱的「畫圖蟲」。畫圖蟲是潛蠅科昆蟲的小寶寶，潛蠅媽媽會把產卵管刺進嫩葉組織中產卵，讓孩子可以藏在葉片裡免受侵擾。小寶寶誕生以後便吃出通道，只留下透明的葉片上、下表皮，形成我們看到的一條路徑。能在茫茫的食物海中不停地吃，甚至吃出圖畫，聽起來很美好呢！

有趣的是隨著幼蟲逐漸長大，吃出的通道也會越來越寬，因此我們可以推測牠是從哪裡開始畫畫的。等寶寶吃夠長大以後，牠們通常會離開葉子入土化蛹，蛻變為成蟲。

儘管觀察起來有趣，不過潛蠅大概讓農友們很苦惱，因為幼蟲一邊畫圖，使得植物行光合作用的效率變差、也影響了外觀。除此之外，潛蠅媽媽產卵時也可能讓其他病原體經由傷口感染作物，讓作物生病。

潛蠅科種類很多，牠們的幼蟲並非都潛伏在葉片中，也有潛伏在莖部、根部的種類。主要為害農作物的是特定幾種，在番茄葉子上看到的鬼畫符，通常是斑潛蠅的大作。斑潛蠅如今已入侵美洲、非洲、亞洲各地，成了世界性的害蟲，牠們可以啃食的植物十分多元，想必無形中帶給農友們一些損失！因此千萬別小看農產品的檢疫工作，一隻小蟲的影響可是很深遠的！

如果需要控制潛蠅害蟲的數量又不希望施灑農藥，其實可以使用黃色黏紙！不同顏色的黏紙會吸引不同類型的害蟲，而黃色對斑潛蠅特別有吸引力，因此偶爾可以看見果園中放置一些黃色的黏紙。不願意施藥的話，這不失為一個好方法喔！

潛蠅科

Agromyzidae

番茄斑潛蠅幼蟲為暗黃色。通道兩側還能看見幼蟲的便便。

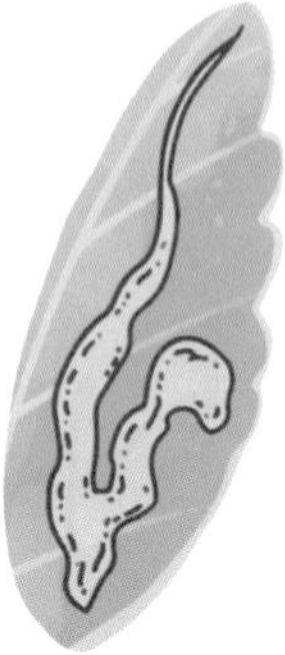

番茄斑潛蠅在番茄葉子中畫出的通道。

番茄斑潛蠅的蛹是橢圓形的，會從金黃色轉為暗褐色。

番茄斑潛蠅成蟲體形小，黃、黑相間。

根潛蠅：雌蟲將卵產在豆科植物的葉或莖，幼蟲孵化後會一路向下吃到根部。

蔥潛蠅：雌蟲在蔥管中產卵，幼蟲潛藏其中吃出一道白色條紋。

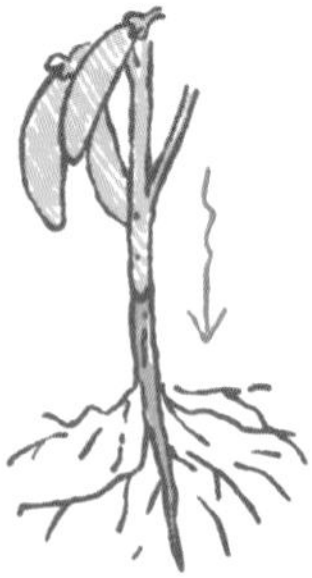

莖潛蠅：幼蟲孵化後會潛入豆科植物的莖部中央，阻礙了水分跟養分的輸送。

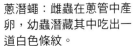

14

遊隼開外掛俯衝！

喔～

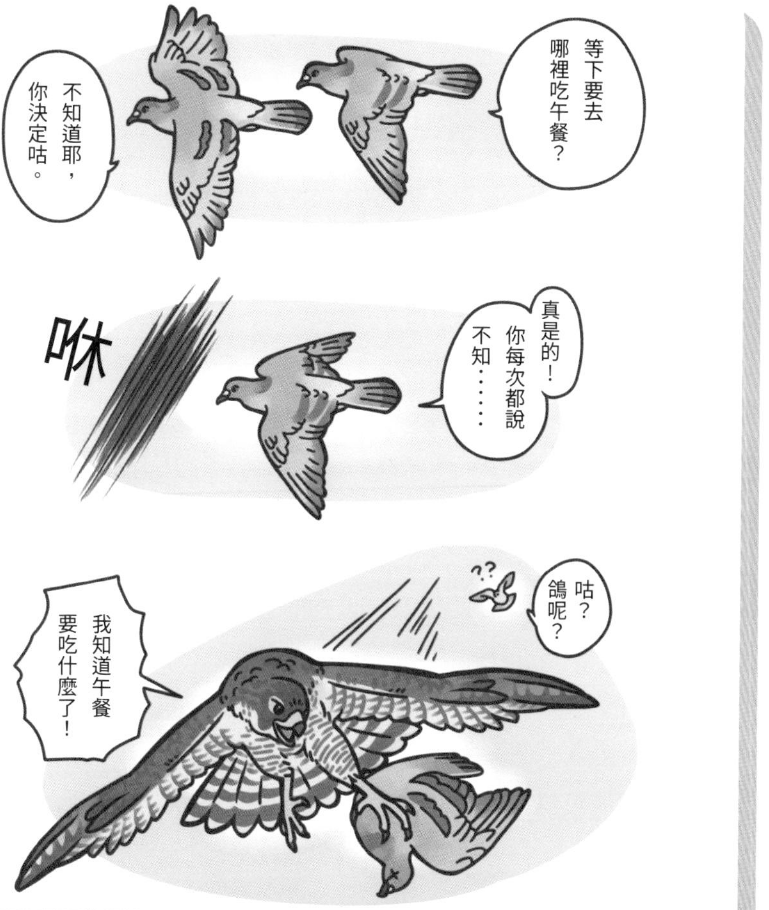

遊隼最為人所知的，就是從高空俯衝的能力！遊隼的獵物主要為鳥類（其中鳩鴿更是肥滋滋的美食），因此遊隼會從高空看準目標向下俯衝，在空中攻擊擒拿獵物，很帥氣吧！在俯衝的過程中，遊隼的時速甚至可以高達時速約三百公里，榮登全球飛行速度最快的鳥寶座。擁有這項外掛技能的遊隼宛如空中駭客，除了擒拿小鳥之外，我們偶爾還可以看到遊隼把其他大型水鳥、大猛禽等「巴頭」、「擊落」的影像紀錄。

遊隼是少數廣泛分布全球各大洲的猛禽，加上部分族群會長距離遷徙，給人一種漂泊四海、遊蕩八方的情懷，因此遊隼的中、英文名稱以及學名的意思都是「遊蕩的隼」。

想一睹帥氣的遊隼，我們可以多留心曠野的岩石斷崖、電塔等陡峭的制高點，這些都是遊隼喜愛的休息站。有少數遊隼很適應都市環境，會暫停在高樓大廈歇腳，等待時機捕捉都市裡的鴿子。幸運的話，也許你可以在高樓大廈的突出處看見遊隼呢！若無緣在曠野看見，仍可以選擇在春季前往瑞芳酋長岩觀賞一對遊隼爸媽，牠們自從在二〇一七年被發現後，已經連續在此繁殖多年，是鳥友們觀察遊隼育雛的好去處。當然，賞鳥的同時要謹記不餵食、不干擾、不接觸的原則喔！

遊隼

Falco peregrinus

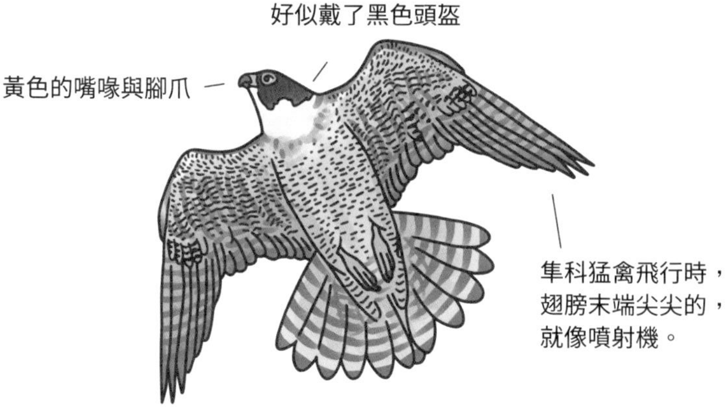
好似戴了黑色頭盔
黃色的嘴喙與腳爪
隼科猛禽飛行時，
翅膀末端尖尖的，
就像噴射機。

你聽過一種藥劑DDT嗎？過去發現這種藥可以殺死蚊蟲、遏止蟲媒傳染病，因此紅極一時，當年曾有大力吹捧DDT的圖文標語出現，甚至還會直接朝著人體噴灑！

DDT
DDT is good for me-e-e!
1947/6/30

然而往後大家卻發現DDT不利於許多生物繁殖，像是美國東部的遊隼就一度因為DDT而絕跡，身為食物鏈頂端的牠們，體內累積了高劑量的DDT，導致產下的蛋殼過薄，孵一下就破了。

15

臺灣的食蟲植物 黏住你或吸入你！

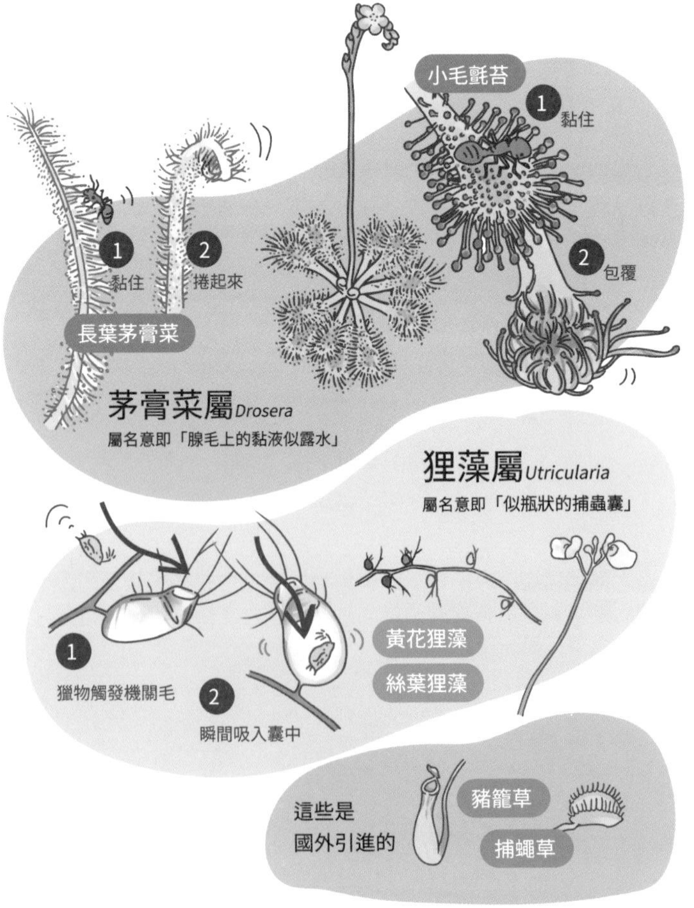
小毛氈苔
1 黏住
2 包覆
1 黏住
2 捲起來
長葉茅膏菜
茅膏菜屬 *Drosera*
屬名意即「腺毛上的黏液似露水」
狸藻屬 *Utricularia*
屬名意即「似瓶狀的捕蟲囊」
1 獵物觸發機關毛
2 瞬間吸入囊中
黃花狸藻
絲葉狸藻
這些是
國外引進的
豬籠草
捕蠅草

食蟲植物是一群很有獨特性又充滿魅力的植物，我們從小從自然課認識豬籠草和捕蠅草，相信那時你我對植物的認知都受到衝擊，沒想到植物竟也能張開血盆大口，設計陷阱捕捉昆蟲！

植物為什麼要抓蟲呢？食蟲植物通常生活在養分相對貧脊的環境，因此發展出形形色色的構造機關來捕捉小蟲，有的類似夾子、有的類似籠子，也有些用蜜露黏住昆蟲。請別誤會，昆蟲並非食蟲植物唯一的營養來源，它們還是可以透過光合作用取得醣類養分啦！

自然課本裡的豬籠草和捕蠅草是國外的大型食蟲植物，我們不能在臺灣的戶外觀察到。不過，有一群食蟲植物默默生活在臺灣，它們大多數量稀少、比較少人認識。以下我們用捕捉策略來介紹它們吧！

第一種捕捉方法是「黏住蟲蟲」：小毛氈苔、長葉茅膏菜。這類植物的葉片上有腺毛，腺毛頂端所分泌的黏液就像露珠一樣，昆蟲聞香而至很可能就會誤觸黏液，越掙扎、沾到越多，最終會被腺毛包覆起來、消化得只剩殘骸！這類植物屬於茅膏菜屬（*Drosera*），這個字根就有「帶著露水」的涵意。

第二種捕蟲策略是「吸入蟲蟲」：黃花狸藻、絲葉狸藻這類小巧可愛的水生植物具有卵狀的捕蟲囊。捕蟲囊非常細小，是由葉子特化而來，囊口外有絲狀毛，一旦水蚤、孑孓等小型水生昆蟲不小心碰到機關毛，就會引發瓶口瞬間開合，將小蟲吸入瓶中。是不是很酷呢？

這些小小的食蟲植物或許不起眼，但它們特殊的生存方式很有趣，絕對值得受到大家的關注與守護！

食蟲植物

Carnivorous Plants / Insectivorous Plants

食蟲植物哪裡找？

長葉茅膏菜：屬於珍稀植物，極需守護重要的棲地！少數關鍵的棲地包含金門、新竹蓮花寺。

黃花狸藻：可見於低海拔水塘與河岸，夏秋季可見它開出小黃花。在汐止的新山夢湖有機會觀察。

小毛氈苔：往淺山的邊坡岩壁探尋，運氣好還能看它開出粉紅色與白色的小花喔！

16

鸕鶿 人類古老的捕魚夥伴

鸕鶿的捕魚技術高超，
被古人看中，養來幫忙捕魚……
於是造就了獨特的鸕鶿捕魚文化！
鸕鶿
丹氏鸕鶿
中國灕江 鸕鶿獨立游動抓魚。
日本長良川 繫著多隻丹氏鸕鶿在船頭抓魚。
而且鸕鶿們呆呆的很可愛！
溼答答晾翅膀中
ㄌㄩㄝ
小時候還特別醜萌。
嗚~人家哪有醜~~

鸕鷀是捕魚小天才，牠們會在水下張開尾羽、以雙腳踢水、伸縮著脖子探查環境，捉到魚之後「股溜」吞下肚。古人看中這項本領而圈養鸕鷀、發展出極為特殊的鸕鷀捕魚文化，如今這項傳統技藝只能在中國與日本看到，並以遊憩觀光的方式延續此文化資產。

鸕鷀飼育者或漁民會在鳥兒的脖子上繫上一條繩子，這不影響鸕鷀呼吸，但會限制牠將魚吞下去，漁民再從鸕鷀喉部取出魚獲。其實這項古法若要成功，首先需要經過多年的訓練、培養感情與默契。因此人鳥之間往往有深厚的羈絆，有的漁民甚至會在鸕鷀年邁後仍持續給予安養照顧，這也許就類似臺灣老農對耕牛的深厚情誼吧！

無論是日本或中國的鸕鷀捕魚文化，相傳都已超過一千年，也各自發展出差異性，像是中國廣西灕江的漁夫會划著舟，讓訓練有素的鸕鷀獨立游出去捕捉鯉魚、草魚等，再自行回到小船邊。有趣的是當地漁夫會以「魚鷹」來稱呼鸕鷀，這個俗名在臺灣則是指另一種鳥了。

我們再把場景拉到日本岐阜縣的長良川，鸕鷀捕魚的古法被稱為「鵜飼」，而飼育者則被稱為「鵜匠」。他們選在五月到十月的夜晚捕魚，船頭的燈火能夠迷惑長良川的香魚，而五到十二隻丹氏鸕鷀就像是粽子一般被漁夫一串牽起，捕到魚的丹氏鸕鷀會被個別拉出水卸貨。相傳「鵜飼」所捕獲的香魚不太有外傷，因此古時都會成為進貢皇室的珍品呢！

善於捕魚的鸕鷀，跟人類共同開展了一段歷史文化。臺灣的鸕鷀主要為冬候鳥，邀請大家入冬以後不妨多留心觀察，也許就能看到牠們全身溼答答、正在晾翅膀的可愛模樣！

鸕鷀

Phalacrocorax carbo

黑色的羽毛帶有金屬光澤
尾巴形狀像扇子
腳趾間有蹼

鸕鷀在臺灣主要是冬候鳥，
通常會成群活動

二〇二一年鰲鼓溼地
發現第一筆繁殖紀
錄，鸕鷀未來可能會
具備「留鳥」的稱號
喔！

金門慈湖每年都有上千隻鸕鷀過冬，密密麻麻地
站在木麻黃上，非常壯觀！

臺北市區的基隆河、
淡水河流域也住著上
千隻鸕鷀，去看看牠
們抓魚的英姿吧！

17

食蟲性蝙蝠 空中小捕手

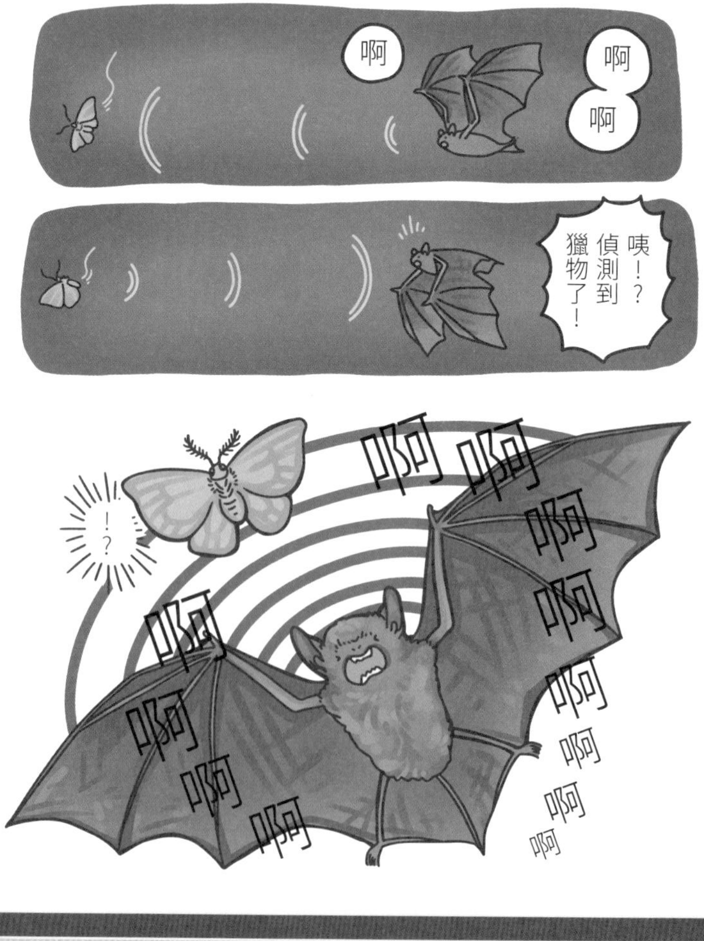

截至目前（二〇二四年）為止，臺灣本島和離島的蝙蝠種類共有三十八種，而且未來可能會持續增加。在臺灣的哺乳動物之中，翼手目的蝙蝠是成員最多的大家庭。天啊！我們身邊竟然有這麼多種蝙蝠！蝙蝠們日夜顛倒的作息、不易辨識的外表、無法被人耳聽見的叫聲等原因，使得一般人對周遭的蝙蝠十分陌生。

蝙蝠在黑夜中要怎麼在伸手不見五指的環境中覓食呢？牠們的覓食技巧很有名：透過口鼻釋放超音波。等超音波接觸到物體反射，由蝙蝠的耳朵接收之後，蝙蝠就能計算出距離，在腦中建構立體的空間畫面，這個技術就是「回聲定位」。為了避免跌倒撞牆，我們人類走路要看路，但有些生物則是用聽的呢！

食蟲性蝙蝠比較擅長回聲定位，牠們的鼻子與耳朵有五花八門的形態，很可能有利於各自的覓食需求，如葉鼻蝠的鼻子長得像攤開的書本、蹄鼻蝠的鼻子如馬蹄鐵、管鼻蝠的鼻子像分岔的水管等等，各種奇形怪狀簡直超越你我的想像。

食蟲性蝙蝠邊飛邊覓食，發出超音波的頻繁程度依據捕蟲的階段而不同。在探測尋找昆蟲的第一階段，蝙蝠不會頻繁發出音波；當發現獵物時，則會頻繁發出音波以持續鎖定位置追捕。直到順利捕獲昆蟲、或被昆蟲逃逸之後，才會回到原先的設定。

其實，蝙蝠給我們帶來的益處比壞處多。臺灣的蝙蝠除了對抑制農業害蟲有莫大貢獻之外，牠們還是重要的授粉媒介，多樣化的生態角色一個都不能少！未來如果有機會探訪蝙蝠洞，謹記要保持距離，避免破壞與干擾。保護臺灣的蝙蝠，就是保護臺灣的環境喔！

翼手目

Chiroptera

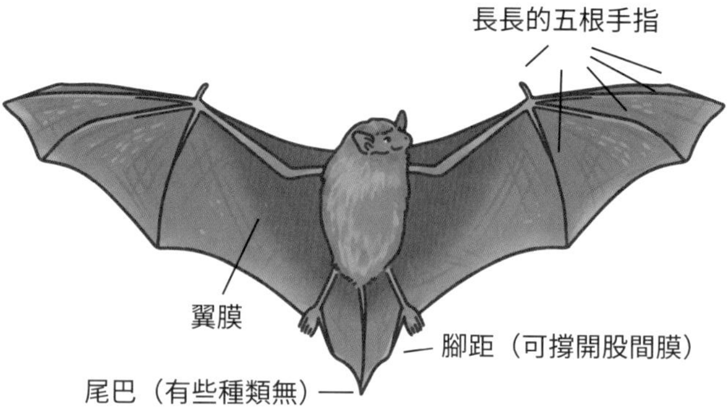
長長的五根手指
翼膜
腳距（可撐開股間膜）
尾巴（有些種類無）

臺灣常見的三種洞穴型蝙蝠：

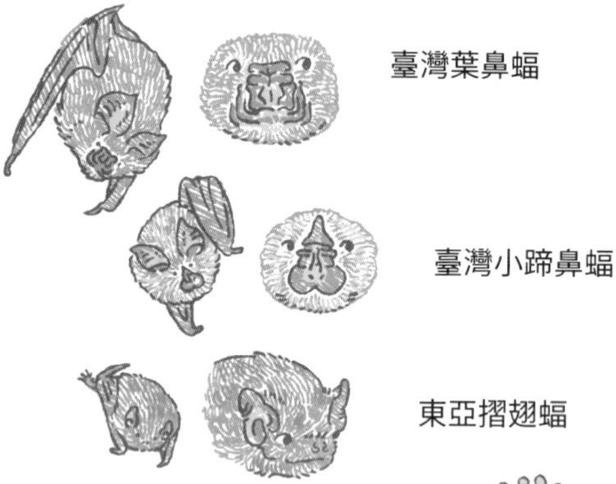
臺灣葉鼻蝠
臺灣小蹄鼻蝠
東亞摺翅蝠

近年因為疫情的關係，有人將負面情緒轉向蝙蝠。其實臺灣的蝙蝠很無辜，多年來檢疫單位並沒有在牠們身上調查到可以感染人的冠狀病毒株。我們可以多加小心防疫，但沒必要傷害、妖魔化蝙蝠！

18

巴西達摩鯊 深海的冰淇淋勺

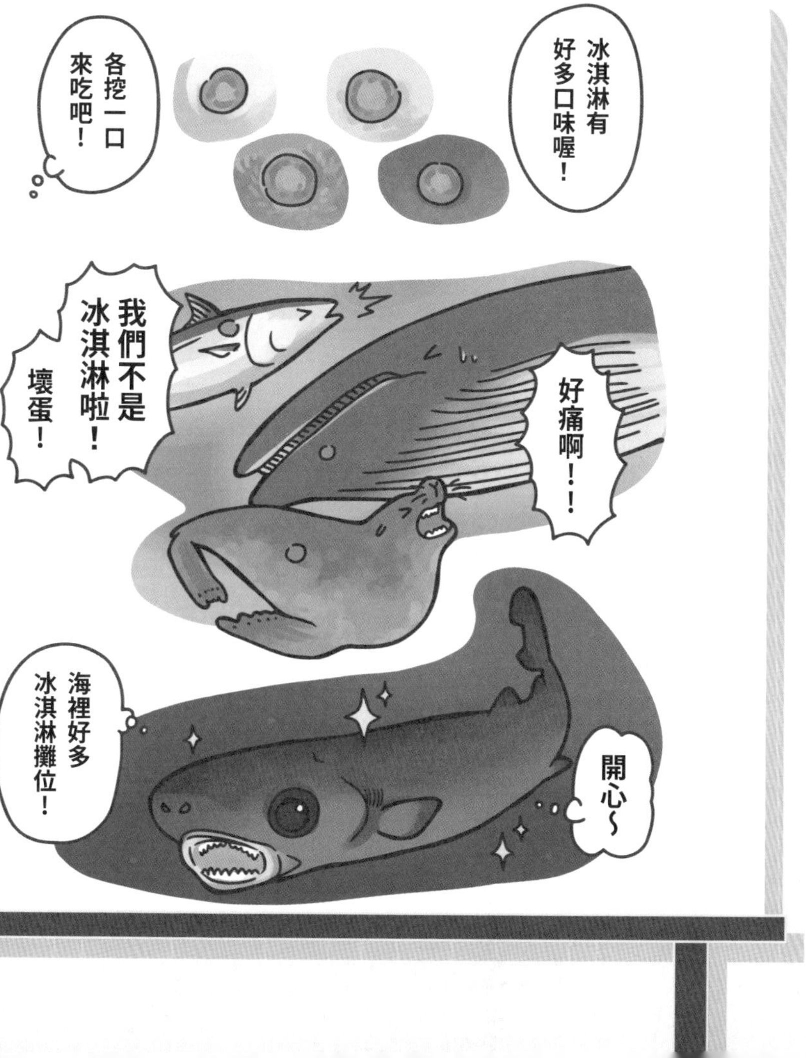

巴西達摩鯊圓柱型的身體像雪茄，又稱為雪茄鯊。這種長相奇怪的鯊魚體長最長只有五十公分，牠居住在深海，最深的紀錄是在水下三千八百公尺！

在大洋生活的魚類沒有縫隙藏身，因此身體就必須盡可能融入環境，避免被天敵或獵物察覺。想想看，天上的海鳥不容易在蔚藍的海中發現魚兒藍黑色的背；而深水中的天敵往上看，也不易在太陽的斑斕白光中發現魚兒白色的肚子。在海洋表層活動的魚類會接觸到「光影」，因此幾乎都是黑色的背、白色的肚子。相反的，在光線無法抵達的深海中，長年住在這裡的魚類就不一定需要這種體色區隔。

你一定會感到奇怪，巴西達摩鯊是深海魚，牠跟這個藏身大法有關嗎？原來，包含達摩鯊在內的一群深海魚會在夜晚垂直洄游到海洋表層覓食，在月光的映照下，深海魚的影子就會暴露行蹤。巧妙的是，許多垂直洄游的深海魚在腹部演化出發光器，以此打破影子、藏匿自己！

巴西達摩鯊取食甲殼類、頭足類和小魚，有時則化做冰淇淋勺，從大型鄰居身上「挖」走一塊肉！原來，巴西達摩鯊的嘴唇能吸附在大魚身上，以鋒利的下顎齒咬破皮膚和肉，隨即像挖冰淇淋一般旋轉將肉剃下。因此少一塊肉的受害者很多，包含鮪魚、旗魚等硬骨魚，以及其他鯊魚、鯨豚、海獅，牠們身上都曾被發現醒目的圓形傷口，甚至一些潛水艇也有被達摩鯊誤咬的痕跡！

聽到這裡，你是否不敢到海邊游泳了呢？不要緊張，還記得巴西達摩鯊是垂直洄游的深海魚嗎？牠只會在夜晚游到表層，白天出遊的我們可沒有那麼容易遇見牠呢！

巴西達摩鯊

Isistius brasiliensis

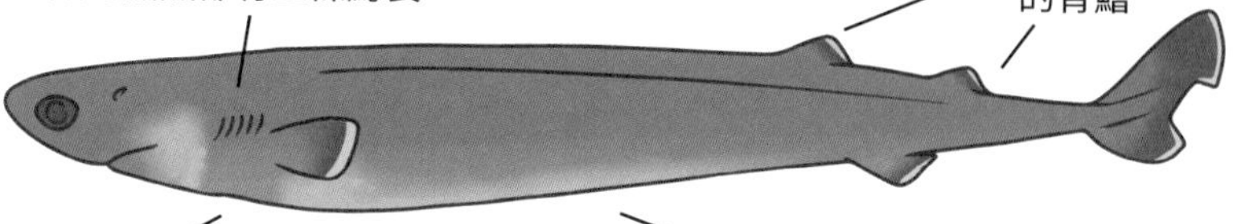
多數的鯊魚都有五條鰓裂。
兩個小小的背鰭
體背褐色、腹部淺色
鰓裂處有一條明顯的黑褐色環帶

巴西達摩鯊的腹部可以在黑暗中發光。

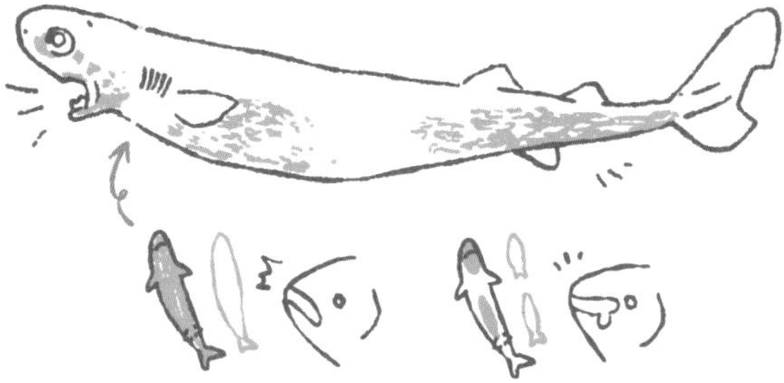

黑褐色環帶的區域不會發光，有學者推測這塊區域會讓下方的大魚誤認為小型獵物，藉此引誘大魚靠近，讓達摩鯊咬一口得逞。

圓形的嘴巴、鋒利的牙齒

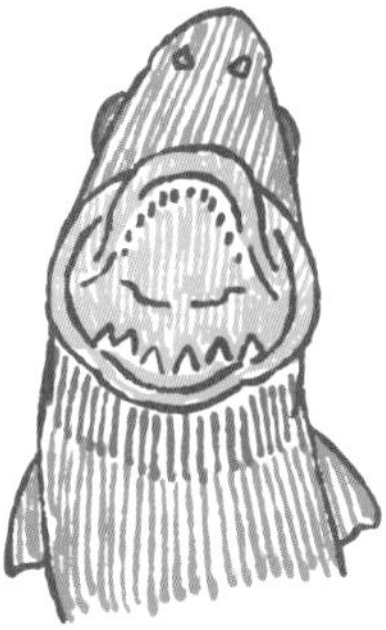

被巴西達摩鯊咬過的傷口非常明顯，到訪魚市場或出海賞鯨時都可能會發現這個又圓又深的傷口。

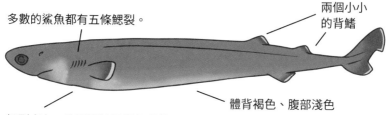

19

樹皮小蠹蟲 自然界的創意木雕師

喔～

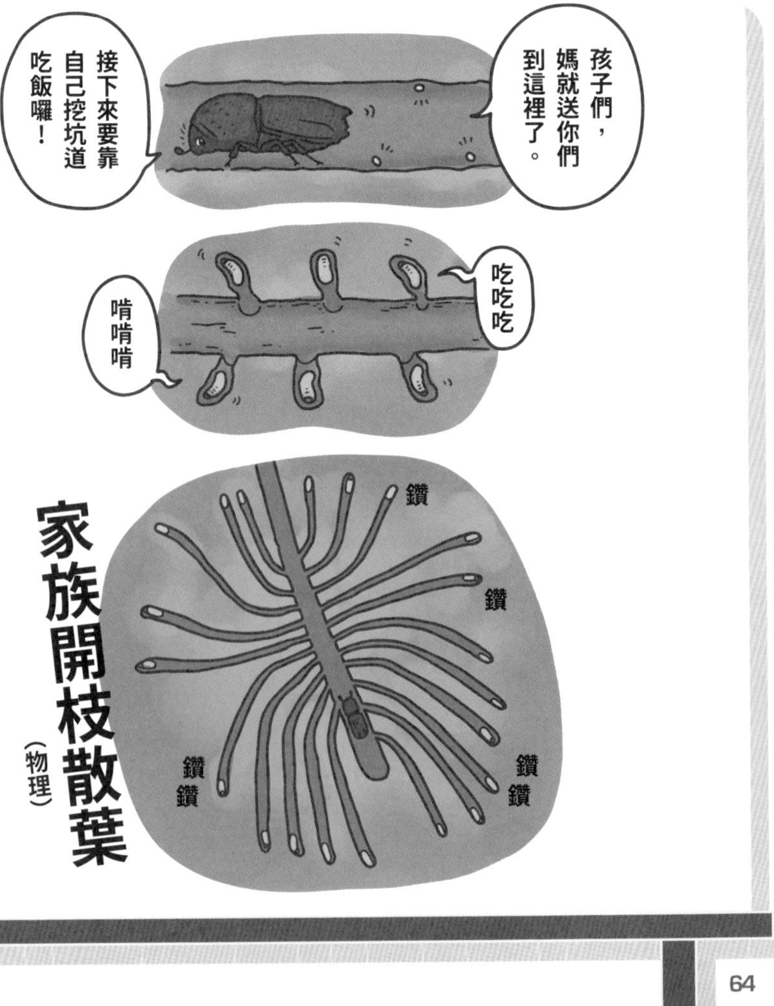
孩子們，媽就送你們到這裡了。
接下來要靠自己挖坑道吃飯囉！
吃吃吃
啃啃啃
家族開枝散葉（物理）
鑽
鑽
鑽鑽
鑽鑽

你是否曾在一塊掉落的樹皮發現過放射狀的紋路呢？拿起樹皮紋路觀察，正中間的直線通道特別粗、四周則放射出許多細窄通道，越延伸到末端又變寬了。這紋路是怎麼形成的呢？原來這是「樹皮小蠹蟲」啃食樹木韌皮部的痕跡！

小蠹蟲身體呈圓柱形，通常為褐色或黑色。牠們屬於象鼻蟲科的小蠹蟲亞科，可說是特別迷你的小象鼻蟲。這個家庭裡的成員非常多，由於生物分類與生態習性沒有必然的對應關係，因此學者通常會以食性來大致區分，稱呼這些小蠹蟲，比如吃樹皮的樹皮小蠹蟲（bark beetle）、吃種子與髓部的小蠹蟲（seed and pith-feeding beetle），以及吃真菌的菌蠹蟲（ambrosia beetle）。本文的主角即是在樹皮底下刻出放射紋的樹皮小蠹蟲！

樹皮小蠹蟲的母蟲會率先在樹皮底下鑽出孔道，沿途產卵。幼蟲在孵化後各自啃出自己的小通道，隨著幼蟲長大、通道自然也變粗了。幼蟲最終會在孔道的末端蛹化、羽化成蟲，然後飛離這個育兒場所、尋找下一棵寄主植物。牠們的生活習性解釋了樹皮底下紋路的成因。

國外的科學家將樹皮小蠹蟲的食痕稱為「gallery」，也就是畫廊的意思，甚至不同種類的樹皮小蠹蟲還會留下不同形態的食痕，可見牠們的食痕多麼引人注目，宛如自然界的創意木雕！不過，許多樹皮小蠹蟲在入住新房的同時也夾帶了「長喙殼菌類真菌」（ophiostomatoid fungi），這類真菌有些會感染木材，並在邊材*的位置留下菌絲的顏色，因此又稱為藍染真菌。藍染現象影響了木材的美觀，也造成一定的經濟損失，因此樹皮小蠹蟲並不是太受歡迎的小生物。

＊註：樹木的剖面常有不同顏色區塊，由外而內依序是樹皮、邊材，以及心材。

小蠹蟲亞科

Scolytinae

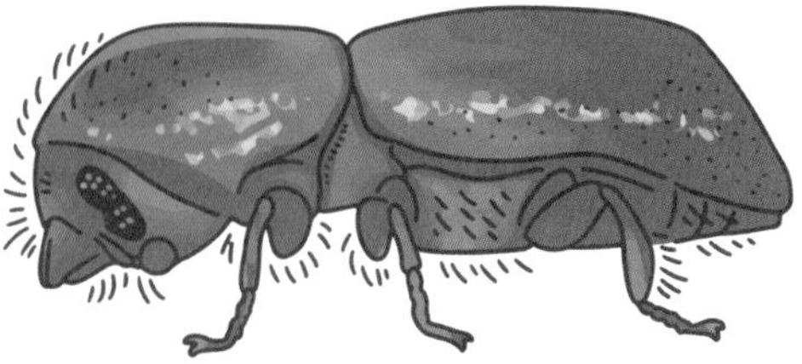
身體呈圓柱形
通常為褐色或黑色

小蠹蟲有上千種，是個超級、超級豐富的大家庭！

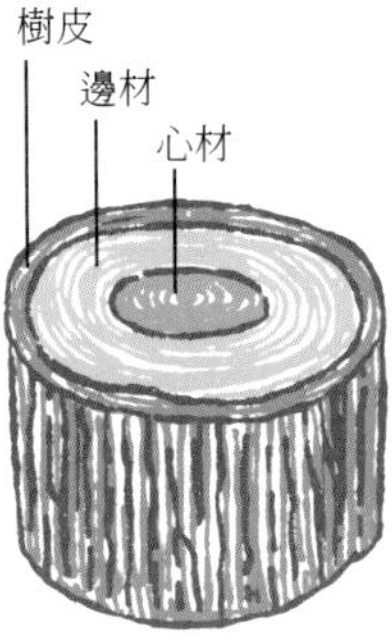
樹皮
邊材
心材

樹皮小蠹蟲的食痕有各種樣貌

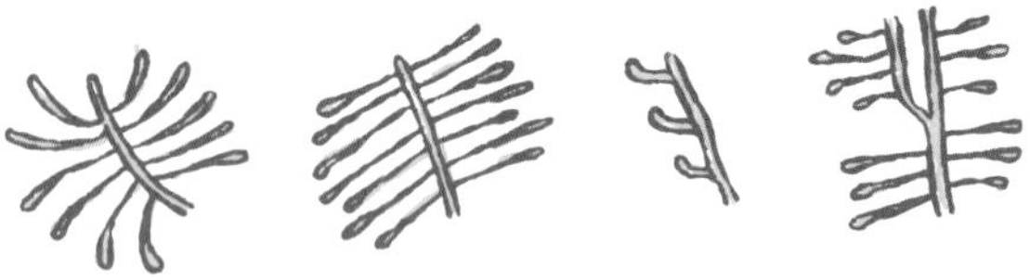

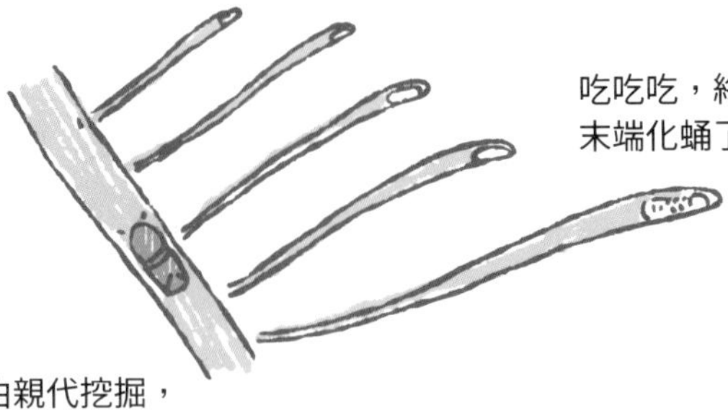
吃吃吃，終於在孔道末端化蛹了！

中央的孔道由親代挖掘，
四周的孔道則是小孩的房間。

20

鬚鯨　各式各樣的鯨吞大法

喔～

鬚鯨的覓食方法很多：
「衝刺進食法」、
「泡泡網覓食法」，
以及
神似馬桶坐墊的「踩水進食法」。
等魚自己跳進來～

你聽過一句成語「蠶食鯨吞」嗎？這回來聊聊各種鬚鯨的「鯨吞」大法吧！

鬚鯨指的是藍鯨、大翅鯨、布氏鯨這些擁有鯨鬚板片的海獸。牠們的喉嚨與腹部具有一條條皺褶，稱為「喉腹褶」，這個區域可以撐開、擴大，有利於吞入大量海水，再用鯨鬚板片將多餘的海水過濾掉，只留下有營養的魚群與磷蝦等小型獵物。如果你剛好看過動畫電影《海底總動員》，肯定知道我在說什麼！

多數時候，鬚鯨採用「衝刺進食」，也就是張開大嘴向前衝，把充滿獵物的海水吞沒！而在一些大翅鯨的族群中，我們還可以觀察到一種覓食策略——「泡泡網捕食法」，大翅鯨從水底釋放一圈又一圈的氣泡，將獵物困在其中，再往中心吞食。從天空俯瞰大翅鯨的泡泡網，可見一圈圈泡泡依序浮上水面，非常優雅夢幻！這種覓食法曾在美國阿拉斯加、澳洲與南極海域發現。

總歸來說，鬚鯨幾乎都會先張大嘴巴，主動朝著獵物掃蕩、抽吸、衝刺等等。不過，這些聰明的海中巨獸總能讓人大吃一驚，因為近年來，生物學家們發現鬚鯨即使待在原地不動也能收穫獵物！這一招被稱為「踩水進食（tread-water feeding）」或是「陷阱進食（trap-feeding）」。

二〇一七年的研究指出，泰國灣的伊頓鯨會將頭部舉出水面、張嘴讓下巴接觸海面，這個動作讓海水自然地湧入口中，維持動作幾秒等待獵物自動跳到嘴裡，最終才闔嘴下潛。在原地張嘴的過程，鯨魚得頻繁運動水下的身體，就類似於人類立泳（也稱踩水）時需要踢水以保持平衡那樣，因此研究將此覓食法稱為「踩水進食」；隔年的二〇一八年，另一份發表指出加拿大的大翅鯨也有類似的行為，同樣以維持不動、被動的姿態覓食，由於張開的嘴巴形同陷阱，於是稱之「陷阱進食」。

鬚鯨科

Balaenopteridae

伊頓鯨目前是布氏鯨亞種之一，但也有科學家認為伊頓鯨可以是不同的物種。這樣一來學名就會變成*Balaenoptera edeni*，而布氏鯨則會是*Balaenoptera brydei*。

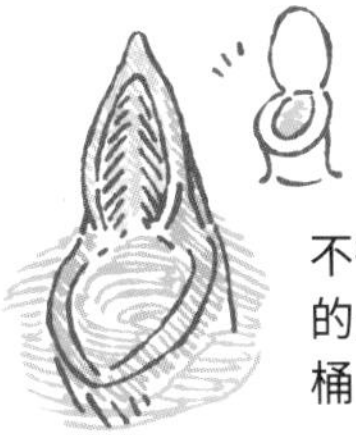

不得不說，伊頓鯨覓食的景象很像海上的大馬桶，對吧？

儘管鬚鯨的踩水進食直到最近才被發表，但約在兩千年前中世紀斯堪的納維亞手抄本中，就曾經詳述一種海怪「hafgufa」的覓食行為，描述過程與現今觀察驚人地相似！也許在兩千年前，古人就看過鬚鯨這樣進食了也說不定呢。

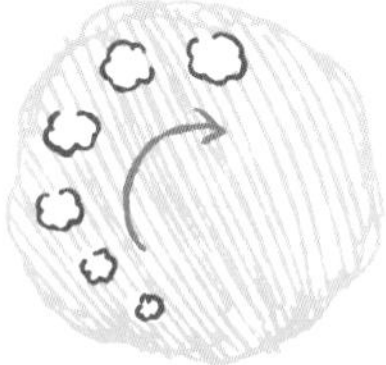

大翅鯨的泡泡網覓食法，類似用泡泡畫出一個「P」。

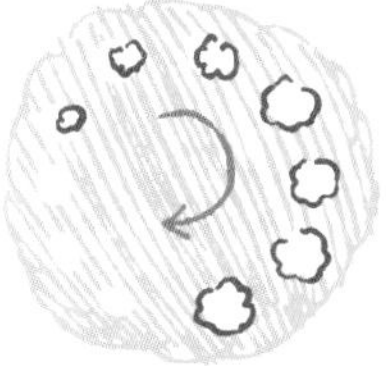

泡泡網覓食法通常由好幾隻大翅鯨一起進行，但也有獨立完成的案例。

21

臺灣拉土蛛 誰在敲我的門？

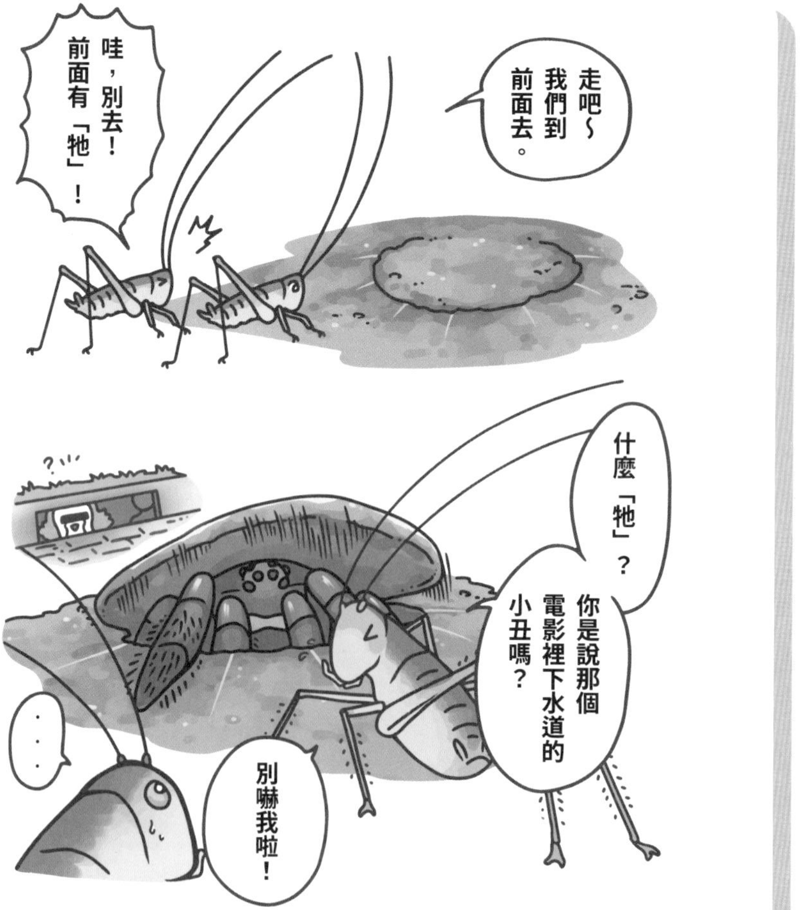
走吧～我們到前面去。
哇，別去！前面有「牠」！
什麼「牠」？
你是說那個電影裡下水道的小丑嗎？
別嚇我啦！
……

當你走在低海拔的山徑上，一種奇特的小蜘蛛可能就藏身在沿途山壁上。「臺灣拉土蛛」不造蜘蛛網而是挖掘地道。最有趣的是：牠會在洞口製作可掀動的圓形小蓋門！小蓋門上方覆蓋了土壤與苔癬等植被，完全融入周邊環境，因此除非是觀察經驗豐富的愛好者，否則幾乎無法發現牠的存在。

面對這種酷蜘蛛，經驗老道的觀察家也許會脫口而出另一個名稱「臺灣螲蟷」（螲蟷，音同蝶盪），臺灣拉土蛛過去曾分類在螲蟷科（Ctenizidae）而具有這樣的俗名，不過牠目前歸類到盤腹蛛科（Halonoproctidae）囉！

平時潛伏在蓋門底下的牠們，偶而會在門口設置長條狀的素材作為絆絲，一旦不知情的獵物路過誤觸，感應到獵物的臺灣拉土蛛便會開門擒拿大餐、帶回地道享用，並在用餐後將殘骸扔出家門。

臺灣拉土蛛的地道連通到第二個開口，也可說是牠家後門。為什麼牠會需要兩個出入口呢？俗話說「狡兔有三窟」，拉土蛛的後門也有助於面臨危險時逃之夭夭，如此設計的用途便是為了躲避牠的天敵——蛛蜂！

蛛蜂將卵產在被捕的蜘蛛身上，讓寶寶吸食蜘蛛的體液長大。蜘蛛對蛛蜂來說是重要的「嬰兒食物」。儘管臺灣拉土蛛行蹤隱密，幾種蛛蜂似乎都還是有能力找到牠，為了養育孩子，蛛蜂以地毯式搜索臺灣拉土蛛的藏身處。找到之後，有的蛛蜂會與拉土蛛展開地蓋拔河（一邊想掀開、一邊則死命拉住），有的則停留在前門一再騷擾，等臺灣拉土蛛從另一邊奪門而出時趁機捕捉。要是不夠強壯、跑得不夠快，很有可能就會落入蛛蜂的魔掌喔！

臺灣拉土蛛

Latouchia formosensis

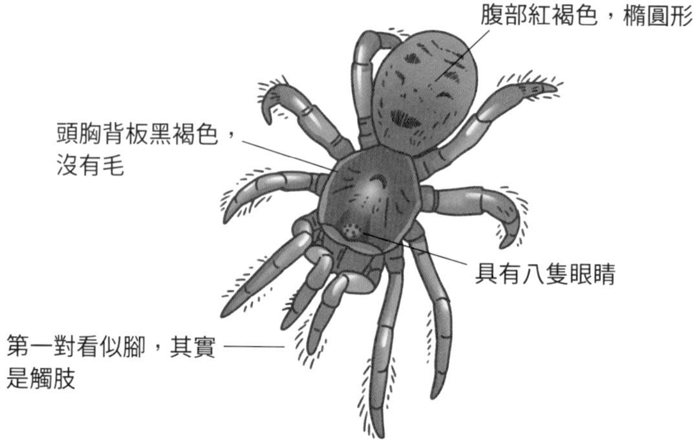
腹部紅褐色，橢圓形
頭胸背板黑褐色，
沒有毛
具有八隻眼睛
第一對看似腳，其實
是觸肢

地蓋被打開了？臺灣拉土蛛會再把門關起來。

熱愛蜘蛛的觀察家羅美玲發現有三種蛛蜂會獵食臺灣拉土蛛：有翅膀藍色的、有身體黑灰色的，也有大致為橙黃色的。

22

虎鯨 家傳掠食技巧

喔～

虎鯨在世界各地創造了美食文化——
南極的造浪者、
南非的鯊魚肝臟專食者、
甚至還有阿根廷的刻意擱潛者！

虎鯨過去稱為殺人鯨，屬於海豚科體型最大的成員，牠們以群體行動，可謂海洋裡的狼群。群體為母系社會，由一位生命經驗豐富的虎鯨阿嬤來帶領。虎鯨廣泛分布於全球海域，由於各地的獵物組成、環境因素不同，造就了各地虎鯨的文化差異，以及多元的獵食方法。

南非沿海的一對成年雄性虎鯨名為「小左（Port）」與「小右（Starboard）」（背鰭分別倒向左側與右側），牠們掌握了殺死各種大小鯊魚的技術，並且對富含營養的鯊魚肝臟情有獨鍾，就連大白鯊也難逃死劫；南極的虎鯨則以海豹為食，牠們並列同步衝刺，透過造浪將浮冰上的海豹沖下來。

阿根廷東岸的虎鯨則會刻意讓自己擱淺在淺灘上——牠們乘著海浪上岸捕捉海獅，並在原地等待下一波海浪將自己帶回海裡。可以想像的是，擱淺獵食法非常危險，一不小心可能會讓虎鯨喪命。實際上，在虎鯨小朋友學成之前，會由經驗豐富的「老師」在一旁督導、解圍。儘管學習過程漫長、教養成本高，卻也讓這群虎鯨以獨特的方式安身立命。不過，也因為虎鯨擁有各自的獨特文化，部分群體甚至成為特定獵物的專食者（比如帝王鮭），因此特定獵物數量驟降就可能讓虎鯨帶著牠們獨有的文化寶藏一起滅亡。

有些時候，我們以為人類才具有文化差異，但許多生物都展現了累積經驗與世代傳承的能力。在一個物種之中，不同群體累積各自的生命經驗並傳承給後代，展現了各自獨特的「文化」，而聰明的虎鯨就是其中一員。因此在保護虎鯨的過程中，除了思考生態棲位的問題，也不妨以保護文化遺產的角度來想想看！

虎鯨

Orcinus orca

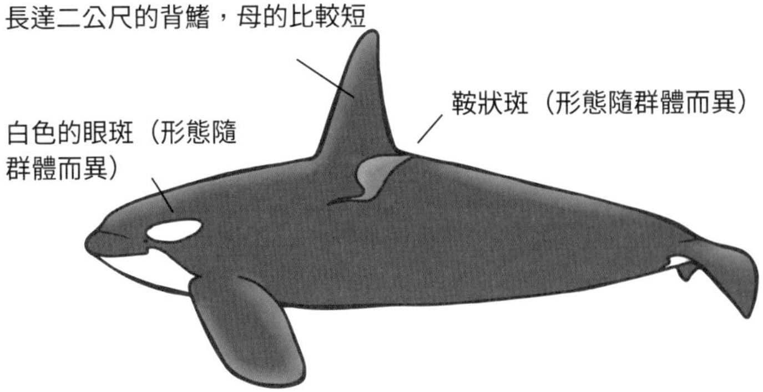
長達二公尺的背鰭，母的比較短
鞍狀斑（形態隨群體而異）
白色的眼斑（形態隨群體而異）

南非的福爾斯灣（False bay）曾是觀賞野生大白鯊的熱點，但自從2015年首次目擊小左與小右之後，各種鯊魚的數量便急速下滑，科學家擔心當地的海洋生態因此失衡。

世界各地的虎鯨長相跟行為略有差異，分為好幾個「生態型（ecotype）」，而在臺灣外海出沒的虎鯨屬於神出鬼沒、鮮為人知的東方熱帶太平洋虎鯨群，特色是顏色特別淡的鞍狀斑。

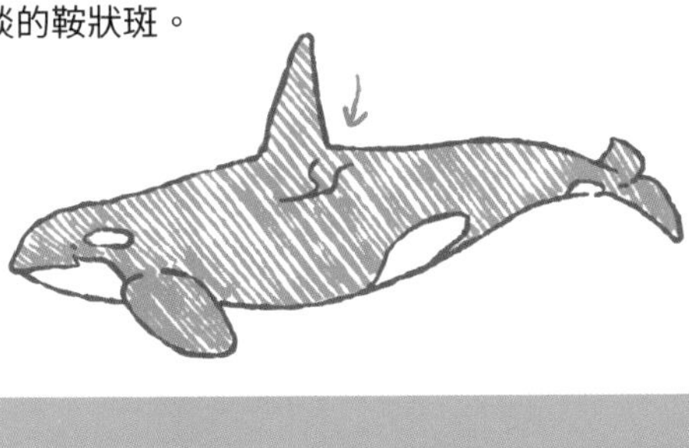

Part

2

動物饕客日常

許多生物不一定有覓食絕招，但卻是個大吃貨。也有許多生物並不挑嘴，遇到什麼就吃什麼，被稱為機會主義者。這一章節的生物們一個個都是饕客，很懂吃喔！

01 臺灣黑熊「熊古錐」的吃貨

有一種野生動物擁有一對圓圓的大耳朵、長了一身黑毛，胸前還有一道V形白毛。牠正是人人耳熟能詳的臺灣黑熊。儘管黑熊的意象四處可見，牠的現況依舊岌岌可危。黑熊面臨棲地破壞、誤入陷阱、非法盜獵等危機。在保育類野生動物名錄列為「瀕臨絕種野生動物」的牠，估計只剩下兩百到六百隻了。

黑熊主要取食種子與果實，如殼斗科和樟科植物的果實。舉例而言，大分地區布滿了豐富的青剛櫟資源，黑熊為了這些果實，甚至會做長距離的移動。就這方面來說，或許臺灣黑熊就像是臺南的饕客，為了美食多繞路是合情合理的！不過，果實並不是一年四季都有，因此黑熊的菜單會依季節而改變。在果實較缺少的季節，牠會轉向吃肉，山羌和臺灣野山羊是比較常見的食物來源。話雖這麼說，但是黑熊究竟是主動獵食，還是吃腐肉，研究者也還不是很確定。

關於習性，臺灣黑熊通常會在白天活動，但是研究發現，黑熊到了食物豐沛的時候，如青剛櫟大量結實的秋冬季，則會把握時間覓食，晚上也會活動。換句話說，如果我們哪天到了人煙罕至的山中健行，通常白天遇到熊的機率比較高，但如果當地有季節性的饗宴，晚上也可能遇見熊。

近年來向陽山屋和嘉明湖山屋曾有遭遇熊入侵的情況，熊一再造訪可能會造成人熊之間的衝突。熊的鼻子非常靈敏，別讓牠習慣到山屋吃東西。為避免這種情況，登山客可以遵守無痕山林的原則，盡量將食物鎖好、不留廚餘。臺灣黑熊在臺灣扮演著重要的角色。真心希望這些可愛又美麗的熊們可以一直存續下去！

臺灣黑熊

Ursus thibetanus formosanus

側頸部的毛長長的
全身黑色毛髮
胸口黃白色的V

遇到熊怎麼辦？靜觀其變、保持目視、慢慢退開

臺灣黑熊在發現人的第一時間時，大多會快速逃離、緩慢離開，或是繼續做自己的事。

熊主動接近人的機會只有2.5%，若發生則要採取肢體動作、發出大聲響。

一旦人有反應，熊大多也會離開或是繼續原本的活動。目前為止幾乎沒有人曾經受到臺灣黑熊攻擊。

02

臺灣狐蝠吃果實授粉

大家想像的臺灣蝙蝠們

- 可怕又邪惡，可以趕走嗎？
- 會把可怕的各種病毒傳給人類
- 可能會吸血……

實際上的臺灣蝙蝠們

- 生存危機樣樣來
- 目前未發現人畜共通病毒株
- 吃果實和昆蟲
- 傳播種子、為人類減少病媒蚊的除蟲高手，貢獻良多說到蝙蝠，很容易想起牠們奇形怪狀的鼻子和小眼睛。但臺灣體形最大，也最瀕危的蝙蝠臺灣狐蝠並非如此，牠的頭部形似狐狸——尖尖的吻部和古溜的大眼，脖子四周還有一圈金白色的「圍巾」。乍看之下，好似一隻倒吊在樹上的狐狸。狐蝠的英文名稱 flying fox 意即「會飛的狐狸」。臺灣狐蝠屬於琉球狐蝠（*Pteropus dasymallus*）的一個亞種，只分布在花蓮、綠島和龜山島的牠們，目前認為是臺灣特有亞種（但未來可能會變動）。

狐蝠屬於食果性蝙蝠，牠們不會回聲定位，而主要依賴水汪汪的大眼睛來尋找果樹。研究者們調查臺灣狐蝠的菜單，發現稜果榕、水同木、小葉桑、福木與欖仁等，都是臺灣狐蝠的餐點。牠們吃下果實以後，會把剩餘的纖維質吐掉，使的樹下散布著一顆顆的「食渣」，成為研究者的研究材料。果實中較細小的種子則會通過狐蝠的消化道，隨著便便傳播到更遠的地方去，令狐蝠無意間成了重要的植樹使者。

臺灣狐蝠早年面臨大量獵捕、棲地開發等困境，導致數量驟減。學者們一度認為臺灣狐蝠少於五十隻，直到二〇一八年的調查估計，數量應該介於七十八隻到二〇五隻之間。儘管沒有先前估計的少，但臺灣狐蝠仍然處於滅絕邊緣，無法令人放心。杜絕非法捕捉、持續關注、支持相關研究，以及抱持友善與感謝的心，是我們目前能為蝙蝠做的事。期許未來大家更認識牠們以後，臺灣能擬定合適的保育計畫，守護珍貴的狐蝠。

臺灣狐蝠

Pteropus dasymallus formosus

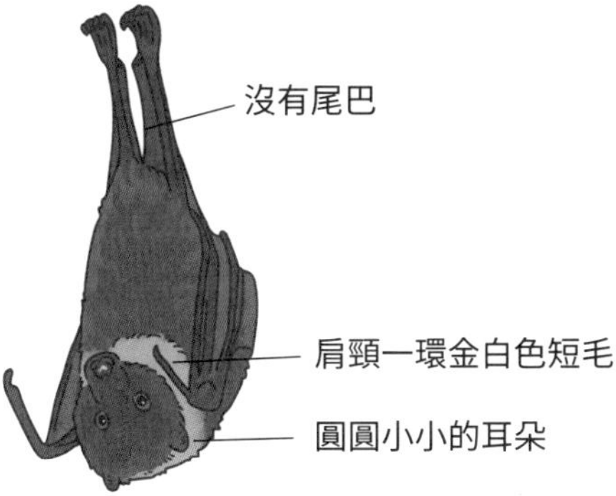
沒有尾巴
肩頸一環金白色短毛
圓圓小小的耳朵

如何觀察臺灣狐蝠？

可以到花蓮市區綠地尋找，有一群臺灣狐蝠穩定地生活在那裡，就與人類比鄰而居！

夏季是一些綠地植物結果的季節，剛入夜的時段便能見到狐蝠悠悠飛來覓食。

在地人逐漸習慣了臺灣狐蝠的存在，因此會留意不讓有心人士干擾狐蝠，超讚！

03

小綠葉蟬 親一口變身東方美人

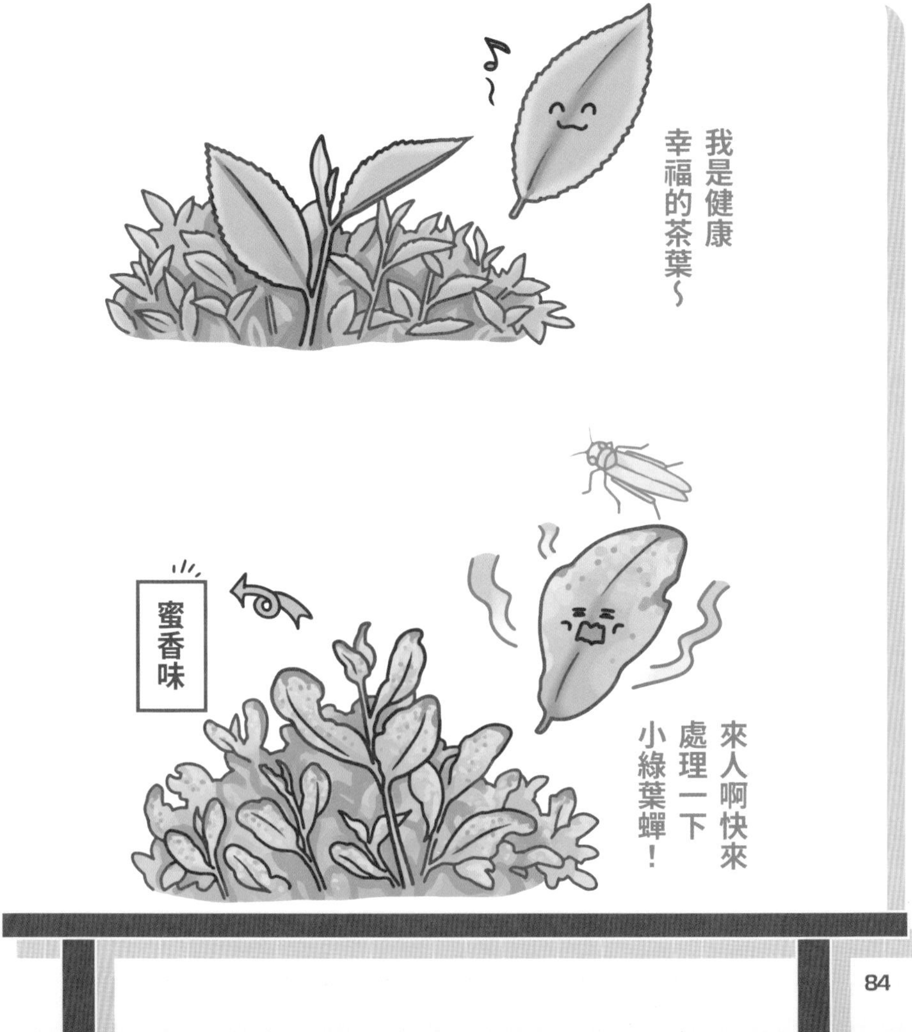
我是健康幸福的茶葉～
蜜香味
來人啊快來處理一下小綠葉蟬！

出產於臺灣的東方美人茶（白毫烏龍）以蜂蜜與熟果香氣著名，深受飲茶人士的歡迎。但你知道東方美人茶為何具備如此特殊的香氣嗎？有個小饕客在其中扮演著關鍵的角色——小綠葉蟬！

小綠葉蟬的體形不到一公分，平常躲藏在葉片的背面。儘管外觀形狀跟夏季喧囂的蟬相像，卻被歸類在不同科。葉蟬是一群受到驚嚇會用後腳彈跳飛離的小蟲，這方面跟蚱蜢有點像，因此牠們的英文名稱為leafhopper，臺灣農民也會稱牠為「跳仔」。小綠葉蟬的嘴巴細長有如吸管，稱為「刺吸式口器」，把嘴巴刺進鮮嫩的植物部位吸食汁液，就像插了一根吸管喝飲料一般。

被刺吸後的茶葉蜷曲、萎凋，就像被火燒過似的，這個症狀稱為「著涎」或是「著炎」。被危害的茶葉產量低、賣相又差，以往總是讓茶農傷透腦筋。直到有一位茶農將著涎的茶葉拿來製茶，才發現濃郁的蜂蜜與果香味！茶農將此事分享給鄉親，當時大家都當他在吹牛，因此東方美人茶又有「膨風茶」的別稱。（「膨風」在閩南語有吹噓、說大話的意思）

大家都沒有想到，被小綠葉蟬刺吸過的茶葉竟造就獨特香氣。原來被刺吸的茶樹會開啟防衛機制，合成特殊物質來吸引葉蟬的天敵，這味道綜合在人們的舌尖上就如蜜香一般。東方美人茶從此誕生，而小綠葉蟬也搖身一變，被一些茶農視為益蟲。

有趣的是，二〇二一年臺灣電視劇《茶金》就曾說東方美人茶是受過傷才有獨一無二的滋味，並以這個道理映照當年茶商努力在時代中立足的故事，也許人類跟東方美人茶一樣，在受傷振作之後更加閃耀動人！

小綠葉蟬

Jacobiasca formosana

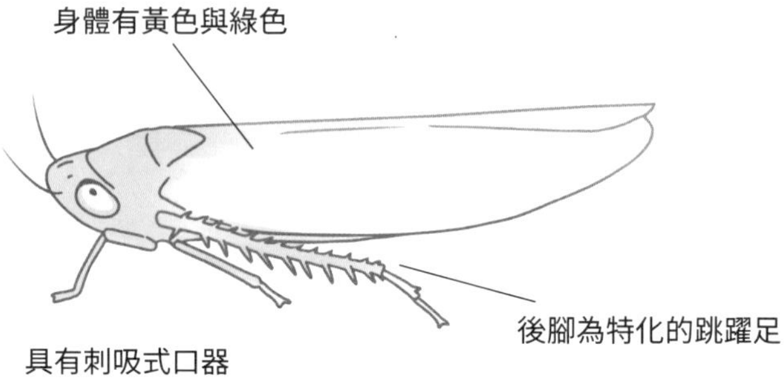
身體有黃色與綠色
後腳為特化的跳躍足
具有刺吸式口器

被小綠葉蟬「親」過的茶還有蜜香綠茶、蜜香紅茶、貴妃茶及蜜香紅烏龍。

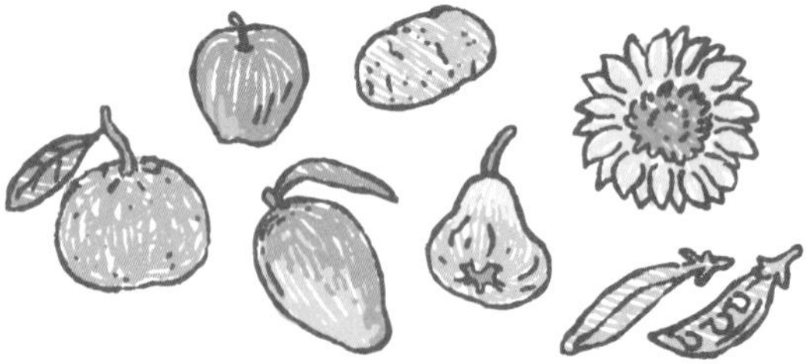

小綠葉蟬危害的寄主植物很多，不僅有茶樹。

成蟲跟若蟲會一起躲藏在
葉片背面。

04

草鴞 草叢裡的小蘋果

你看，草野上有一個正在飛行的白色身影，牠向我們轉過頭來。咦，看起來蘋果！草鴞最讓人印象深刻的，便是牠宛如蘋果剖面的臉部。同時，草鴞側面看起來像是猴子的臉，因此也稱為「猴面鷹」。

在多數人印象中，貓頭鷹是住在森林裡的生物，草鴞則喜歡原野、草生地的環境，牠的一雙長腿能夠在草叢中健步如飛。草鴞也是臺灣唯一在地面上繁殖的貓頭鷹，牠們踩平草地，在隱密的「草隧道」中行走，而寶寶便藏身在一叢叢的高草之中。不過，看到草鴞寶寶的當下，可別嚇一跳，牠們羽毛尚未豐滿的時候，長相其實有點像外星人呢。

草鴞的主要獵物為小型脊椎動物，諸如老鼠、鼩鼱、野兔、蝙蝠等。為了清楚觀察獵物的動向，牠們喜歡選擇一處相對突出的位置來站，諸如農田間的灑水器、欄杆或是土堆。發現獵物了！草鴞的祕密武器與多數貓頭鷹相同：寬扁的臉盤能夠吸收周邊細小的聲音與動靜、不對稱的耳孔有利於推測獵物的位置、安靜無聲的羽翼得以神不知鬼不覺地伏擊獵物、可前後旋轉的第四趾則填補了腳趾之間的縫隙，成為有效的捕鼠利器。

草鴞喜歡原野和草地環境，這裡時常也是人們會利用的地方，諸如農場、耕地、河灘地、軍事用地、機場附近的草野，這些「荒蕪、雜草叢生」的地方看似不起眼，卻是許多生物重要的家。就怕我們還來不及發現生性隱密的草鴞，這片原野就被開發了。此外，草鴞還面臨到種種生存考驗，諸如農地滅鼠藥、田間鳥網，以及流浪犬的攻擊。關於草鴞，我們還有許多問題沒有解答。就讓我們趕在草鴞消失之前，好好認識牠們，找到人與草鴞共存共榮的道路。

草鴞

Tyto longimembris

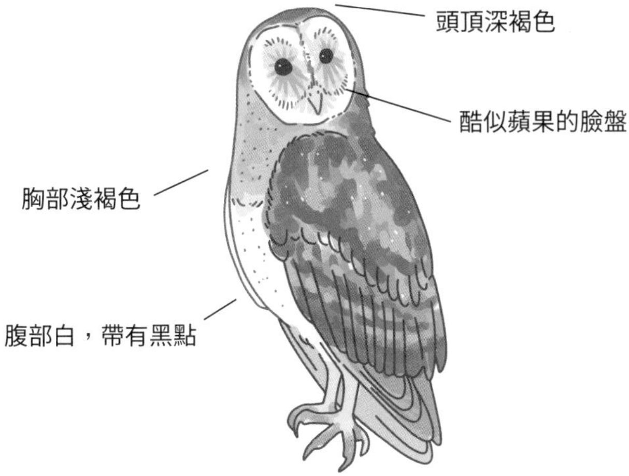
頭頂深褐色
酷似蘋果的臉盤
胸部淺褐色
腹部白，帶有黑點

草鴞神出鬼沒，數量也很難估計，目前在臺灣的保育類野生動物名錄列為「瀕臨絕種野生動物」。

有些草鴞在機場周邊鳥網上被發現，為了飛官的安全，防止鳥類進入是必要的，於是臺南市野生動物保育學會與機場合作，協助處理「掛網」草鴞，也趁此機會累積草鴞的研究資料。

05

黃魚鴞 抽絲剝繭的食譜調查

喔~

多數人對貓頭鷹的理解就是飛起來安靜無聲、取食小型哺乳動物的猛禽。但是某種程度上，黃魚鴞會破壞大家的認知哦！

黃魚鴞是臺灣最大型的貓頭鷹，雖然也會捕食小型哺乳動物、鳥類，以及兩棲爬蟲生物，但牠之所以稱為「魚鴞」，就是因為牠的食性是以魚類和蟹類為主。牠是一種非常仰賴溪流環境的貓頭鷹，因為獵物主要是魚蟹，牠們飛羽上的消音特徵不如專門獵捕鼠類的貓頭鷹那麼明顯，相對的腳底則有許多有助於防滑的小刺。

假若你是一位想了解黃魚鴞食性的研究者，你會嘗試用什麼方式做研究？是研究黃魚鴞的糞便嗎？還是捉一隻來檢查胃內含物呢？如果大家觀察過鳥類進食，會發現牠們多是直接把整隻獵物吞下。然而，獵物身上有很多牠們無法消化的部分，像是骨骼、鱗片、毛皮、羽毛等。這些物質會被擠壓成一坨「食繭」，最後再被鳥類吐出來。研究者只要剝開「食繭」，便可以直接觀察到各種動物的殘骸，瞭解到野生動物喜歡吃什麼東西。因此「食繭」是食性研究很重要的資料來源！

黃魚鴞是很稀有的貓頭鷹，過去大家對牠的了解很少。國立屏東科技大學孫元勳老師的團隊研究黃魚鴞二十多年，解開了不少神祕的面紗。黃魚鴞具有領域性，由一對夫妻占領一段溪流，因此溪流棲地成為牠們族群繁榮的一大重點，近年來溪流環境頻繁遭到破壞，黃魚鴞的族群更加岌岌可危。雖然我們可能都沒看過黃魚鴞，但這不代表牠們不存在，我們一起瞭解並關注牠們，跟野生動物共存吧！

黃魚鴞

Ketupa flavipes

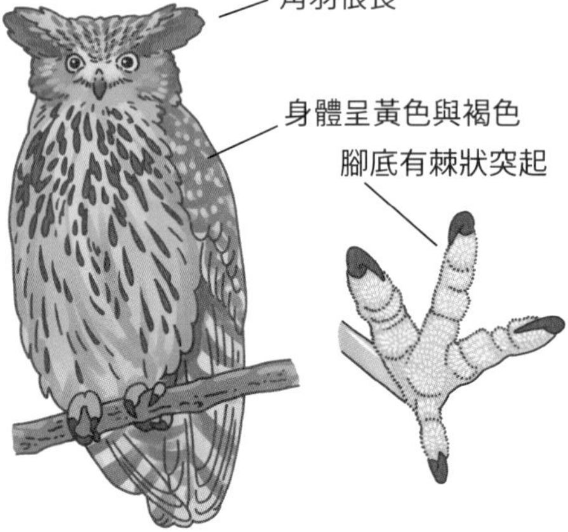
角羽很長
身體呈黃色與褐色
腳底有棘狀突起

英文名字為fish owl或fishing owl的貓頭鷹有七種，其中只有黃魚鴞分布涵蓋臺灣。

繁殖過程中，媽媽負責照顧孩子、爸爸負責抓獵物回家。

資源不足的時候，黃魚鴞有時會飛入養魚場，但下場可能是溺水死亡，或是被憤怒的魚場主人捉住。

06

鸌形目海鳥 嗅覺敏銳的海上獵犬

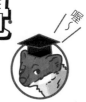

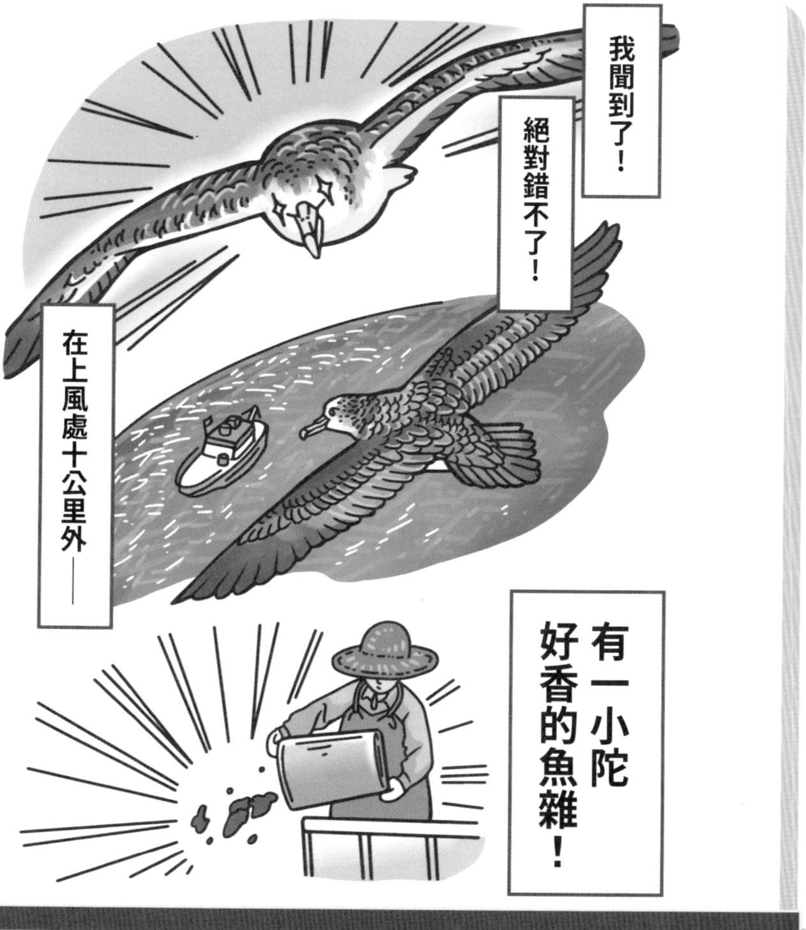
我聞到了！
絕對錯不了！
在上風處十公里外——
有一小陀好香的魚雜！

海鳥的顏色大多由黑白色系組成，細長的翅膀更有利於牠們駕馭大海的波濤洶湧。你也許會指著這些鳥喊出：「海鷗！」事實上，海鳥指的是吃飯睡覺都可以在海上完成的鳥，其中的類群很多元，包含了鷗、鰹鳥、軍艦鳥、熱帶鳥、海雀等等，以及本篇章的主角——鸌形目（管鼻目）的朋友們！鸌形目是一群什麼樣的鳥呢？從翼展最大達三公尺的信天翁，到翼展最小只有三十二公分的成員，兩者就有十倍的差距。但縱使這群鳥兒的外形變化很大，卻擁有相似的管狀鼻孔，正因如此，鸌形目也稱為管鼻目。

這群鳥兒翱翔在廣袤開闊的海面上，平時找尋水面的食物就猶如大海撈針，覓食的技能與策略就顯得非常重要！鸌形目鳥類具有發達的嗅覺器官——用於感知氣味的「嗅球」特別大，而牠們的管狀鼻孔也被認為與敏銳的嗅覺有關。

長久以來，科學家總是對這群海鳥感到訝異，似乎只要把臭臭的魚雜往海裡丟，牠們便會如魔法一般遠道而來。牠們敏銳的嗅覺可能有助在海上覓食，以及在繁殖群中找到自己的巢位跟小孩，即使是在伸手不見五指的黑夜或是起大霧的壞天氣之中也沒問題。舉例來說，過去報告曾經描述黑腳信天翁（*Phoebastria nigripes*）從三十公里外便能聞到培根的味道；暴風鸌（*Fulmarus glacialis*）只要飛過豬油的下風處，就會立刻折返巡邏，好似海風中的獵犬一般；而白腰叉尾海燕（*Hydrobates leucorhous*）可以在一到十二公里外偵測到目標氣味。

海鳥們會取食魚蝦、頭足類與腐肉等等，因此很容易誤食延繩釣的魚餌，並在過程中淹死，或是卡一條魚線在身上。近年已有科學家倡議捕魚作業應該友善海鳥，期待監督與改善混獲問題。海鳥的世界十分豐富，有機會在海上搭船的話不妨留意四周，也許驚喜就會飛進視野中。

鸌形目

Procellariiformes

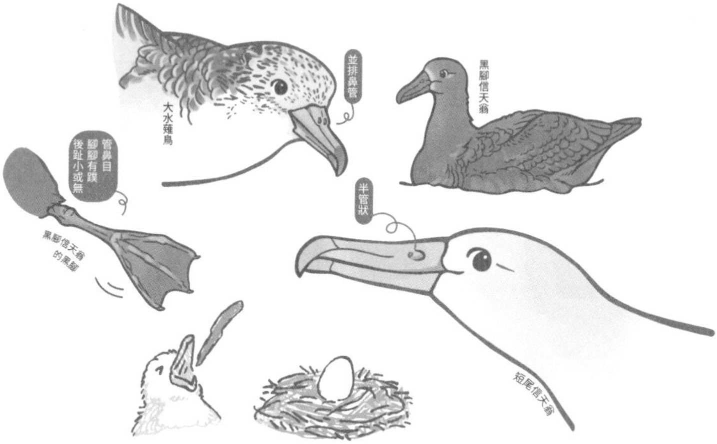

大水薙鳥
並排鼻管
黑腳信天翁
管鼻目
腳腳有蹼
後趾小或無
黑腳信天翁的黑腳
半管狀
短尾信天翁

鸌形目種類多元、長相形形色色，共通點是：管狀的鼻孔、趾間有蹼、一次只產一顆蛋，以及受驚擾會噴射臭臭的胃油。

在臺灣周邊海域能見到的種類：

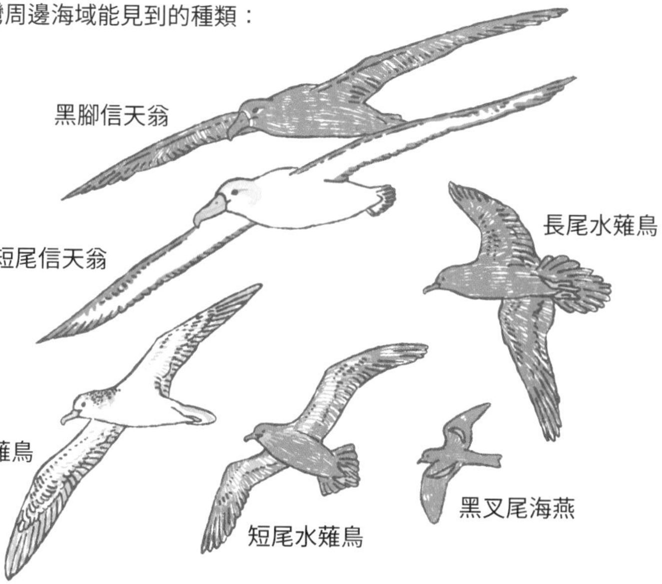

黑腳信天翁
短尾信天翁
長尾水薙鳥
大水薙鳥
短尾水薙鳥
黑叉尾海燕

平時很難看見牠們，唯有海釣船或專門賞鳥的航班會相對容易見到。

07

栗喉蜂虎俐落抓昆蟲

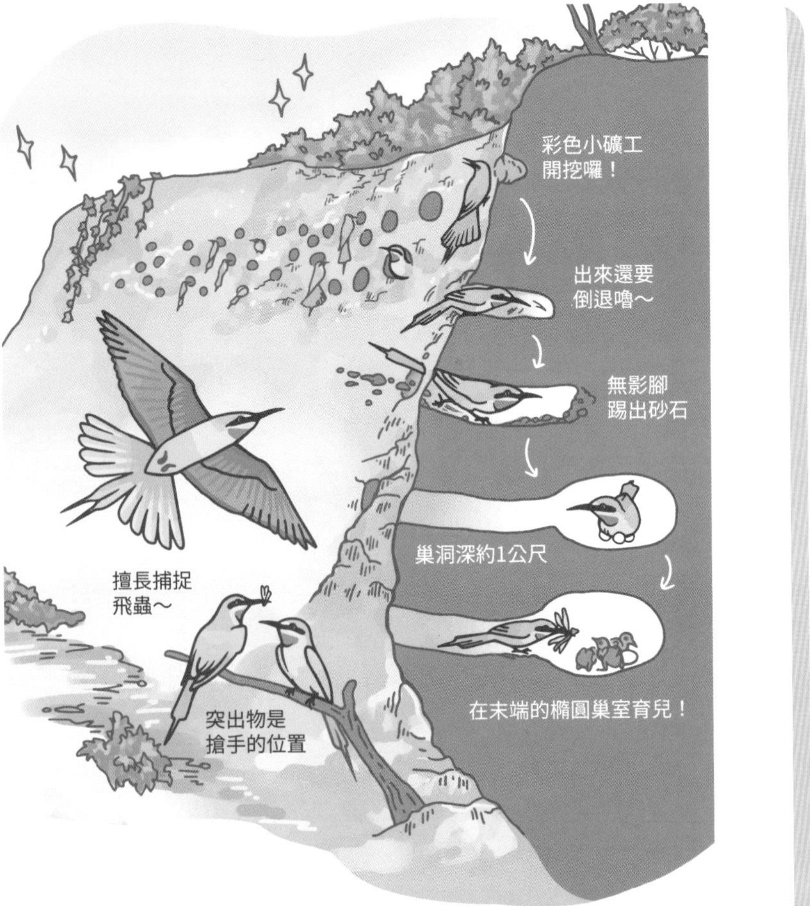
喔～
彩色小礦工
開挖囉！
出來還要
倒退嚕～
無影腳
踢出砂石
巢洞深約1公尺
在末端的橢圓巢室育兒！
擅長捕捉
飛蟲～
突出物是
搶手的位置

每逢四月，總有一種色彩繽紛的鳥兒飛到金門生兒育女——栗喉蜂虎的美麗一定讓你很難忘！

飛行敏捷的牠們能輕易捕捉空中飛蟲，無論是相對笨重的甲蟲或是宛如噴射機的蜻蜓都難逃栗喉蜂虎的捕食。很久以前的科學家曾誤以為栗喉蜂虎是專吃蜻蜓的小鳥，不過近年的科學家則認為栗喉蜂虎是機會主義者，菜色主要取決於當地的環境、季節與天氣。換句話說，當地滋養了哪些昆蟲、當天剛好飛了哪種出來，就會是蜂虎們在空中擒拿的對象！

蜂虎們彎長粗壯的嘴喙不但可以獵食飛蟲，更能用來鬆開土石、挖掘巢洞繁殖！將土石鬆開後，蜂虎接著用自己短小的腳把砂土「咻咻咻」地快速向後踢出巢洞。挖土時牠們總是頭部向內、尾巴向外，所以挖著挖著，還會「倒車」由尾巴先出來，模樣很討喜。在巢洞的最內側，蜂虎們會設計一個橢圓形的巢室，這就是生兒育女的地方。當牠們能夠從頭冒出來，也代表巢洞差不多挖好囉！

蜂虎們會成群結隊地一起繁殖，牠們喜愛裸露的沙質坡地或土壁，比如陡峭的海岸、河谷的沖蝕溝、池塘或田野的邊坡等等。選定繁殖棲地的群體會在這裡求偶、挖出許許多多的巢洞。牠們很喜歡使用舊棲地，常會年復一年地歸來。由於裸露土坡的環境變動性大，因此金門國家公園會適當維護舊巢區、營造新巢區，幫助栗喉蜂虎完成繁殖重任。

栗喉蜂虎熱鬧的繁殖派對是金門一年一度的盛事，直到九月牠們才會紛紛返回度冬地。有機會的話不妨趁著暑假拜訪觀賞，但記得要保持距離，靠太近可是會影響育雛的唷。

栗喉蜂虎

Merops philippinus

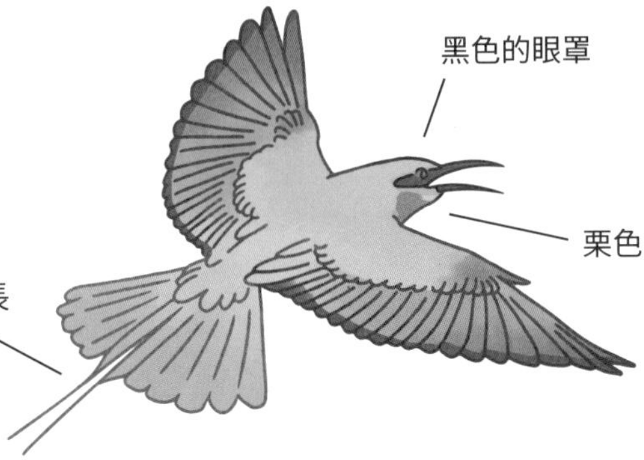
黑色的眼罩
栗色的喉嚨
藍色的尾羽，
中央兩根特別長

想看栗喉蜂虎卻不能去金門？可以拜訪臺北市立動物園的熱帶雨林館觀察喔！這裡的蜂虎源於金門巢區的棄蛋，調查人員轉交給動物園孵化後，蜂虎寶寶就化身親善大使啦～

「虎」這個字常常會用來指稱某生物的天敵，就像吃山羌的黃喉貂是「羌仔虎」、吃正鰹（煙仔）的東方齒鰆則是「煙仔虎」。而本文的主角善於捕捉各種飛蟲，因此稱為「蜂虎」，很有趣吧？

08

翠鳥 食物也是求偶贈禮！

喔～

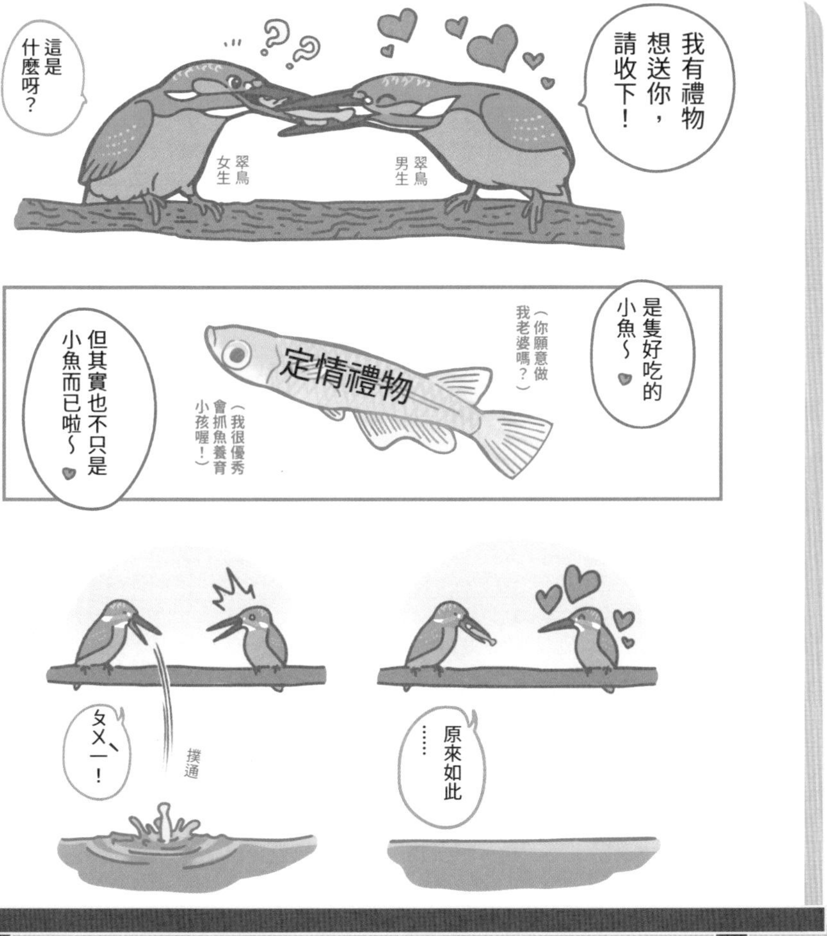

我有禮物想送你，請收下！
這是什麼呀？
翠鳥男生
翠鳥女生
是隻好吃的小魚～
（你願意做我老婆嗎？）
定情禮物
（我很優秀會抓魚養育小孩喔！）
但其實也不只是小魚而已啦～
ㄆㄨˋ一！
撲通
……原來如此

翠鳥又稱魚狗，依傍河流生活的牠以小魚蝦、水生昆蟲等為食。只要夠仔細，便能見牠站在水邊的枝條、河岸，專注地看著水中的獵物，隨時準備撲水。非繁殖季的翠鳥為獨居者，此時只要有其他翠鳥侵門踏戶，縱使是異性也會驅逐出境！穩固領域意味著穩固食物來源，對牠們非常重要！

當季節回暖，迎來繁殖季的翠鳥則願意接觸附近的異性，此時我們就有機會觀察到翠鳥的求偶典禮：送魚告白！如果你家住在溪流旁，不妨找找看河川的藍寶石「翠鳥」，親眼見證公母鳥的定情儀式！

抓魚當贈禮的行為由公鳥進行，此時的贈禮不只是食物而已，更傳遞著「我有能力與妳共組家庭」的訊息。若母鳥收下禮物，雙方就算是定情了。

鳥類育幼的方式很多元，有單親媽媽、單親爸爸，也有雙親合力養育的。翠鳥便是由公母鳥共同完成築巢洞、孵蛋、育幼的工作。

築巢方面，翠鳥選擇在河堤土坡挖掘巢洞育幼，以此就近捕獲食物、餵飽小孩。有研究指出，翠鳥爸媽一次繁殖季可以生好幾窩寶寶，甚至同一時間利用不同巢洞養育孩子們。

翠鳥家庭看似理所當然的天倫畫面，實際卻因為河流整治工程而受到阻礙。鳥爸媽不可能在水泥護岸挖出巢洞，因此為了繁殖只好離開原本的領域，另外找合適處所。當河堤土坡成了稀缺資源，翠鳥的繁殖也受到阻礙。

其實多留一些「不整齊」的河流，就能提供眾多生物一個棲所！有這種好處，一點點的不整齊又算什麼呢？期望我們可以持續看到翠鳥的生生不息！

翠鳥

Alcedo atthis

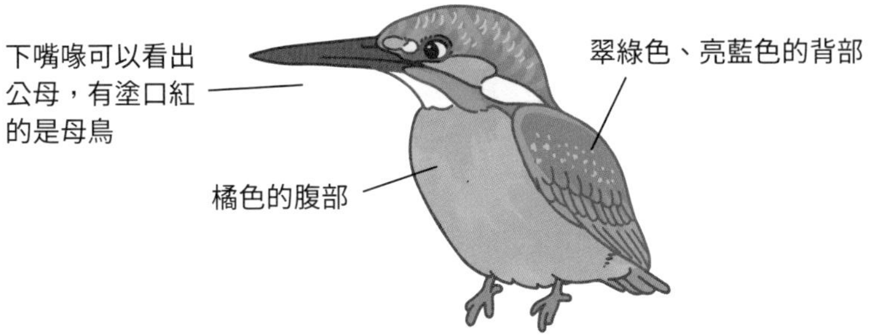
下嘴喙可以看出
公母，有塗口紅
的是母鳥
翠綠色、亮藍色的背部
橘色的腹部

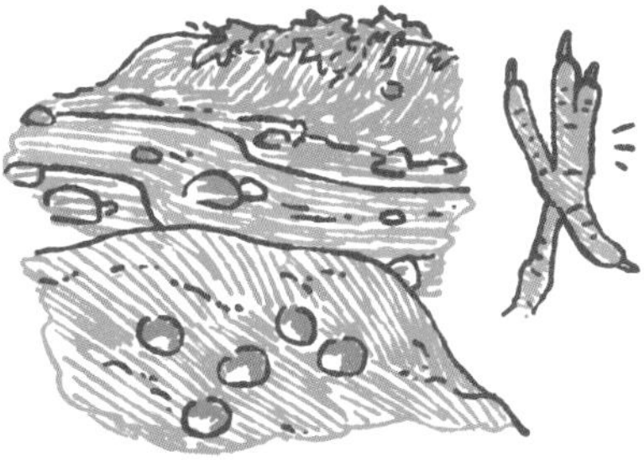

翠鳥跟栗喉蜂虎都屬於佛法僧目，其中許多成員都會挖洞洞育兒，也擁有癒合的腳趾，稱為「駢趾足」。

因為長相漂亮而常受到惡意誘拍，像在池塘放置玻璃缸與朱文錦，以此鎖定翠鳥的衝水範圍。若是害牠撞牆了怎麼辦呢？

另一種惡意誘拍是將土洞裡的雛鳥掏出來、放置在人工布置的棚內，供人拍攝親鳥育幼照。

09

鉤盲蛇 蛇界的迷你怪咖

喔～

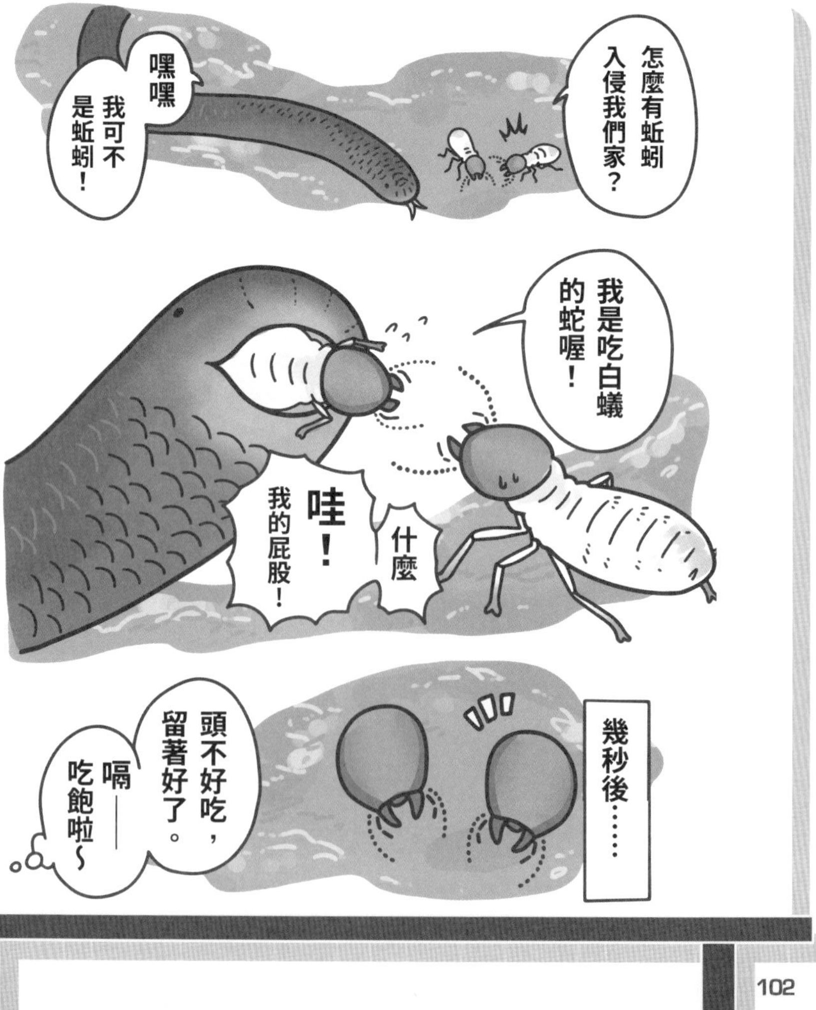

你看過鉤盲蛇嗎？你我很可能會在整理花園、菜圃的時候無意間翻到牠喔！鉤盲蛇是一種長得非常像蚯蚓的小蛇，又稱為「蚯蚓蛇」。我們必須仔細端詳，才會發現牠身上佈滿了鱗片、臉上有一對小眼睛，而且還會吐舌頭呢！

鉤盲蛇有幾個常見英文俗名，其中之一特別可愛——叫做「花盆蛇」（flower pot snake），可見體形小巧的牠只要有個花盆就足夠躲藏了！這麼小的蛇吃什麼維生呢？原來，牠的小嘴巴剛好可以吞下白蟻、螞蟻的小孩！有些螞蟻、白蟻的聚落就藏在營養豐富的腐質層中，因此有機會在附近發現鉤盲蛇！有趣的是，日本學者在二〇一五年發表文章，提到當鉤盲蛇吞食白蟻，有將近一半的時候都會去除白蟻的頭部，只吃軟嫩的胸、腹部。為什麼不吃白蟻的頭呢？學者提出兩個合理推測：白蟻頭部不好消化、白蟻頭部可能產生防禦性的化學物質，因此鉤盲蛇時常選擇去除。

體形小巧的鉤盲蛇只要藏在園藝植物盆栽就能被輕易輸出到世界各地，但是鉤盲蛇之所以遍布世界各地的現象，還有一個非常關鍵的原因——牠行「孤雌生殖」！換句話說，只需誤入一隻鉤盲蛇，牠就可以生出一窩小蛇、繁衍成一個族群。

蛇類的世界裡有很多孤雌生殖的案例，牠們能在野外正常與雄性交配繁衍，但在長期與世隔絕的圈養環境之下也能產下後代，也就是「兼性孤雌生殖」。但這方面鉤盲蛇非常特殊，牠的族群還真的只存在母蛇，半條公蛇都找不到！是目前已知唯一進行「絕對孤雌生殖」的蛇類。難怪鉤盲蛇能夠打遍天下，成為地球上分布最廣的外來入侵種蛇類！讀到這裡，你是否發現鉤盲蛇有多怪咖了呢？

鉤盲蛇

Indotyphlops braminus

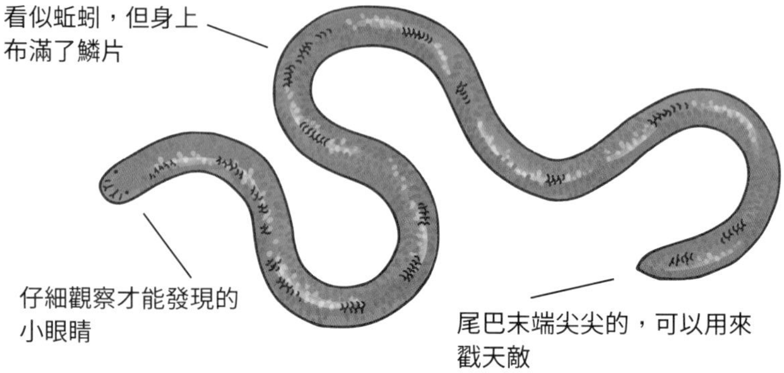
看似蚯蚓，但身上布滿了鱗片
仔細觀察才能發現的小眼睛
尾巴末端尖尖的，可以用來戳天敵

目前學術界認為鉤盲蛇最有可能起源於印度半島與斯里蘭卡，而後經由「自然或人為」的方式擴散到東南亞與東亞地區。

經由交配繁衍的動物主要具有兩套染色體（二倍體），透過減數分裂產生配子、再經由交配讓精卵結合！然而生物總會有例外，比如一些蜥蜴與兩棲動物就擁有超過兩套的染色體（多倍體）。現今有越來越多證據將動物界的「多倍體」與「孤雌生殖現象」連結在一起，學者也高度懷疑鉤盲蛇是一種「三倍體」的生物。

2n
3n
!?

10

衣蛾 家裡的角落生物

喔～

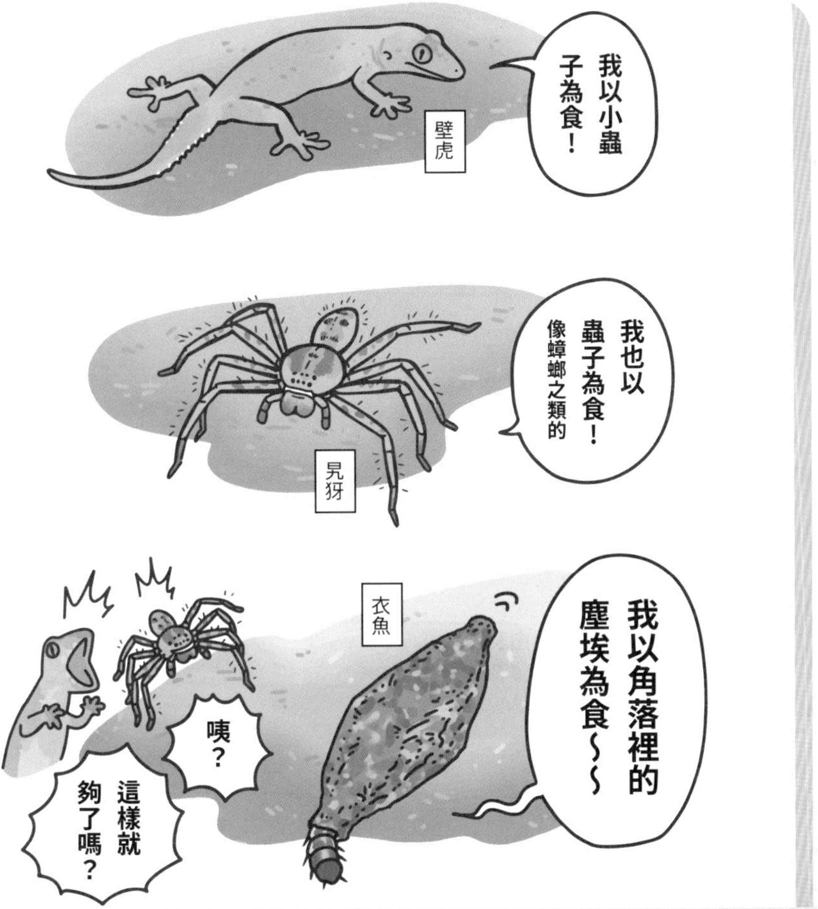

壁虎
我以小蟲子為食！
旯犽
我也以蟲子為食！
像蟑螂之類的
衣魚
我以角落裡的塵埃為食～～
咦？
這樣就夠了嗎？

小時候常在書桌底下見到某種「菱形的東東」，當時以為是灰塵沉積物而沒有理會。直到發現牠們會趁我不注意偷偷移動位置，才驚覺牠們是活物——「衣蛾」。

「衣蛾」在臺灣十分常見，菱形的東東其實就是牠的移動城堡！牠們的幼蟲用絲跟小碎屑編織出的「筒巢」，平時會從巢的末端開口探出頭，一次一小步、很緩慢地拖著巢前進。定睛一看：巢的兩端都有開口，幼蟲如果在這頭遇到障礙，就又會從另一端探頭，有夠可愛的啦！

這麼奇怪的小生物以什麼為食呢？衣蛾喜歡吃有機物屑屑，像是皮屑、毛髮、真菌，以及蜘蛛網等等，也難怪牠們喜歡窩在牆壁、天花板、雜物堆這類陰暗潮濕的地方，真是名副其實的角落生物！

話說回來，其實「衣蛾」也算是個統稱，其中包含很多不同的屬，並不是每種都像袋衣蛾會製作移動城堡喔！相反地，有些種類會在毛料裡製作隧道、藏身其中。因為習性的關係，這類幼蟲對衣料的危害比較大，牠不僅吃衣服，還把衣服當成家了！真是讓人不敢想像呢！

從生態的角度來看，衣蛾是環境裡的清道夫，牠們對人沒有太大的危害，只需要吃角落裡的各種屑屑就能過活。不過，「數大便是美」這句話也許不適用在角落的衣蛾身上，想維持環境乾淨是人之常情，定期打掃家裡、清理雜物、保持環境乾燥通風就是減少衣蛾的不二法門唷！

衣蛾

Phereoeca uterella

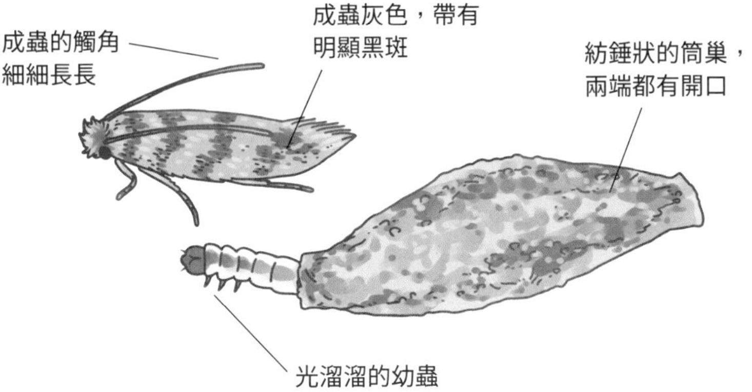
成蟲的觸角
細細長長
成蟲灰色，帶有
明顯黑斑
紡錘狀的筒巢，
兩端都有開口
光溜溜的幼蟲

如果因為某種原因失去筒巢，袋衣蛾的幼蟲就會再做一個新的！

袋衣蛾的幼蟲會在巢裡面化蛹，破蛹而出才會正式脫離筒巢的生活～

袋衣蛾的英文名字是household casebearer，意思是在家中揹著巢的傢伙！

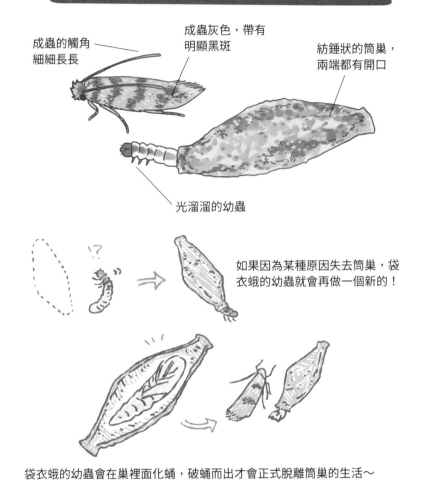

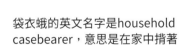

11

蝸牛 軟綿綿的 如何吃飯呢？

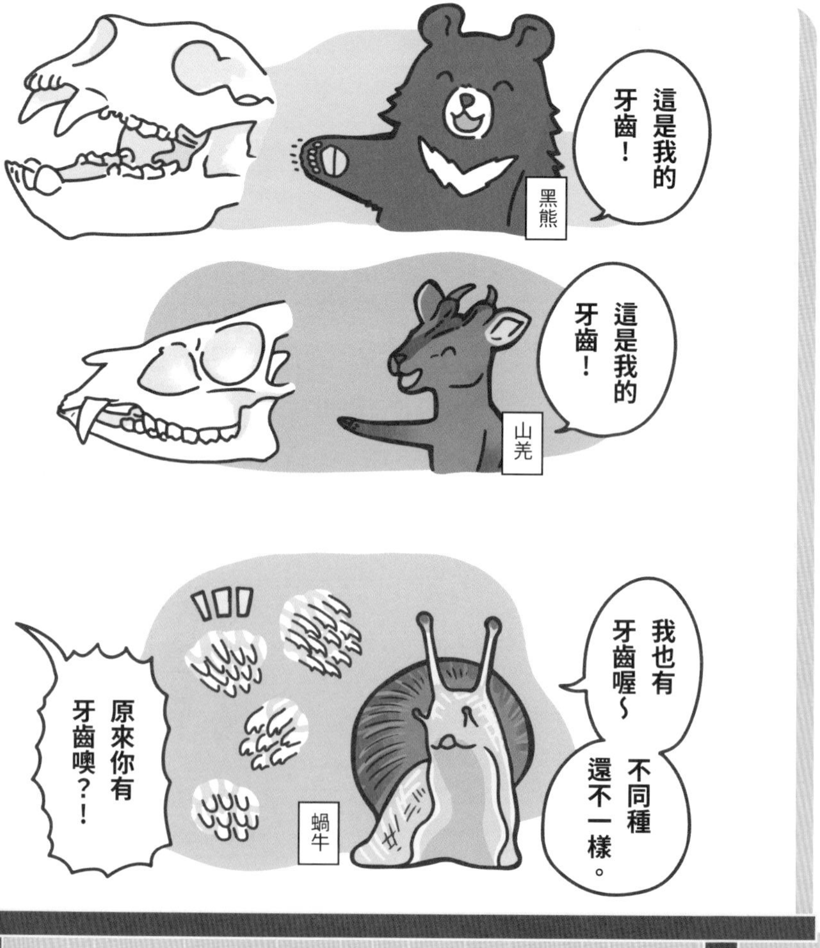
這是我的牙齒！
黑熊
這是我的牙齒！
山羌
我也有牙齒喔～
不同種還不一樣。
蝸牛
原來你有牙齒噢？！

年幼的玉子總喜歡觀察蝸牛，看牠如何吃飯、如何拉長身體跨越鴻溝。對一個孩子而言，庭院裡徐徐爬行的蝸牛就是自然觀察的啟蒙小老師。

細看蝸牛的殼，淺淺的殼紋是牠的生長線，就如樹木的年輪、陸棲龜甲的生長輪，生物成長受到季節、營養多寡等因素影響，時而長得快、時而長得慢，因而形成一道一道歲月的刻印。不過換作是農夫朋友，或許沒有心情這樣細細觀察，畢竟蝸牛會取食作物的嫩葉，也會啃食果皮，使得水果像是被剝了一層皮，賣相不好。

你是否想過：身體柔軟的蝸牛如何咬得動葉菜類呢？蝸牛的祕密武器就是「齒舌」，這是軟體動物特有的進食工具。牠們以一排一排細小的牙齒刮取食物，就像輸送帶一般把食物送往食道。要是小牙齒脫落了也不用擔心，因為蝸牛就像鯊魚那樣，一生都會遞補新牙。

對了，別以為蝸牛只吃蔬菜喔！蝸牛食性分為植食性、肉食性、雜食性，有些會捕食蚯蚓、昆蟲、甚至是其他蝸牛！好玩的是，蝸牛的齒舌形式也各不相同：肉食性蝸牛的齒通常少而尖、植食性蝸牛的齒則多而鈍，這方面跟肉食與植食哺乳類的牙齒很類似呢！嘿嘿，大大小小的蝸牛們是不是很有趣呢？

蝸牛

Landsnails

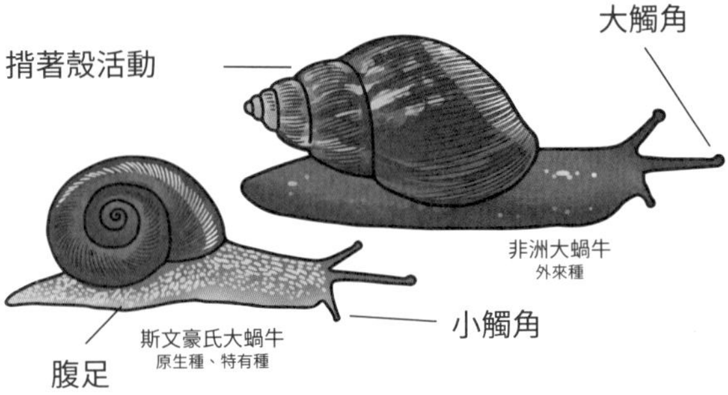

揹著殼活動
大觸角
非洲大蝸牛
外來種
小觸角
斯文豪氏大蝸牛
原生種、特有種
腹足

喜愛生態的你一定對斯文豪先生不陌生，由他採集而得名的陸棲蝸牛可不只一種，還包含了：

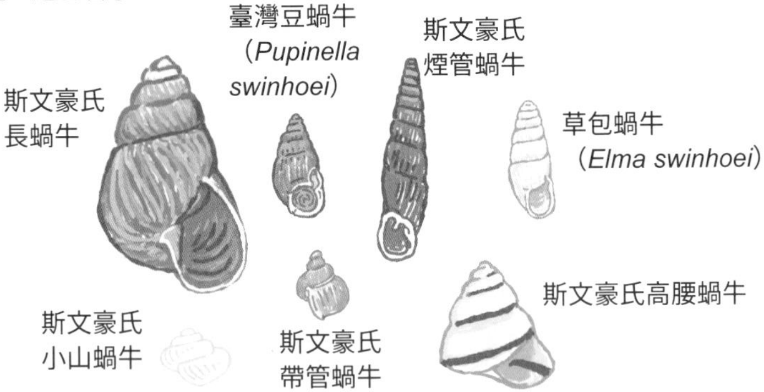

臺灣豆蝸牛
（*Pupinella swinhoei*）
斯文豪氏
煙管蝸牛
斯文豪氏
長蝸牛
草包蝸牛
（*Elma swinhoei*）
斯文豪氏高腰蝸牛
斯文豪氏
小山蝸牛
斯文豪氏
帶管蝸牛

殼紋是歲月的刻印
概念類似樹木的年輪、陸棲龜甲的生長輪。

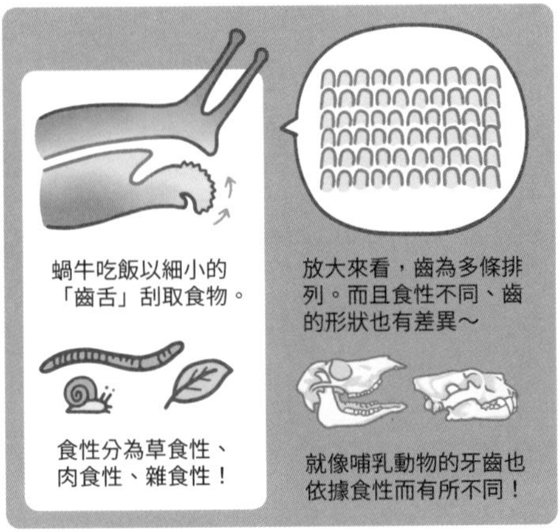

蝸牛吃飯以細小的「齒舌」刮取食物。
食性分為草食性、肉食性、雜食性！
放大來看，齒為多條排列。而且食性不同、齒的形狀也有差異～
就像哺乳動物的牙齒也依據食性而有所不同！

12

棘冠海星 珊瑚礁區的大食客

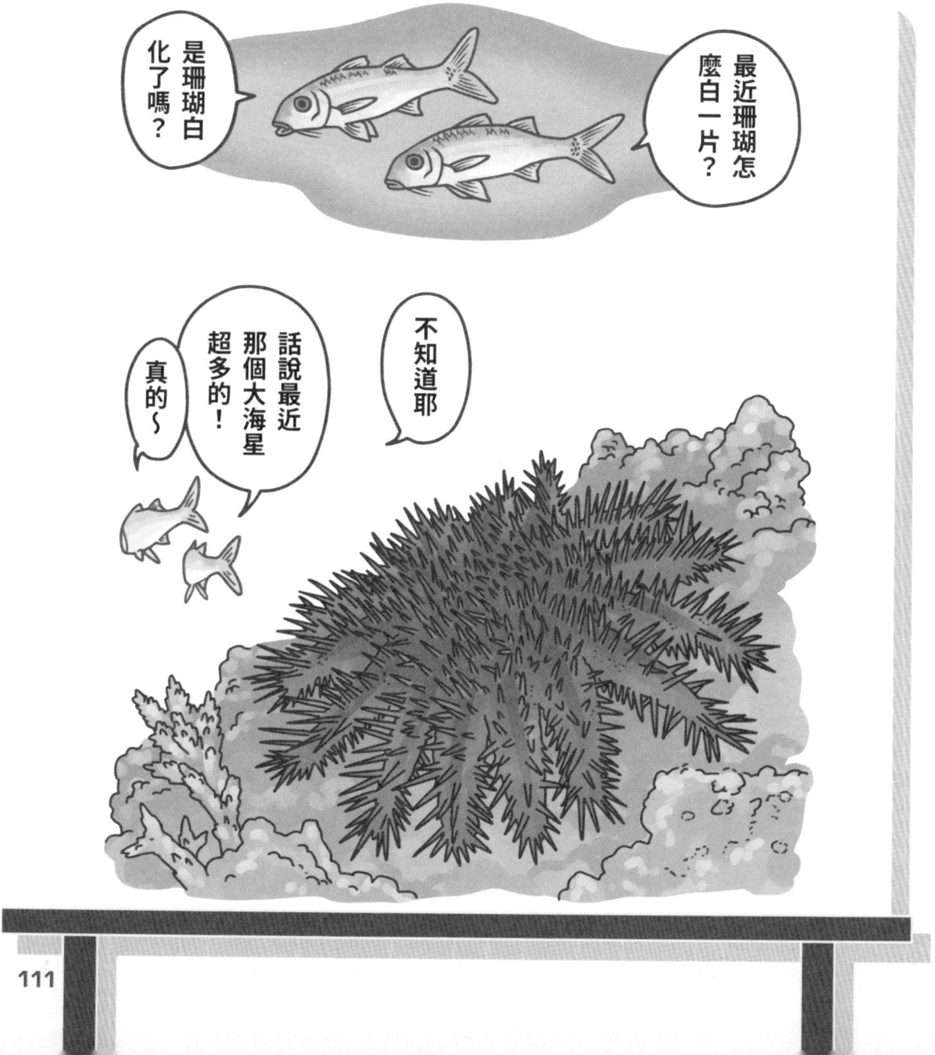

棘冠海星生活在印度洋及太平洋的熱帶海域，牠們滿身毒刺、以造礁珊瑚為食。你可能會問：堅硬的珊瑚要怎麼吃呢？原來棘冠海星吃的是「石珊瑚的珊瑚蟲」，牠會先爬到珊瑚上方、把肚子翻出來、將珊瑚蟲消化吸收之後，再把肚子收回身體裡。這種覓食方式顛覆了許多人的想像，對吧？

棘冠海星很稀有，啃食珊瑚是生態平衡的一部分。然而，近年卻不時傳出棘冠海星族群大爆發的消息！珊瑚礁無法供養數量過多的棘冠海星，海星大軍宛如海底的過境蝗蟲，所到之處僅剩一片白茫茫的死珊瑚。二〇二一年中央研究院的鄭明修研究團隊就在太平島發現大爆發現象。大家都很吃驚：二〇一九年還健康的珊瑚礁，竟一不留神就被吞噬了九成。珊瑚還會復原嗎？一般來說，歲月足以讓珊瑚恢復生機，但若海洋汙染、地球暖化等危機同時侵擾，就很難復原了，這也逼得科學家引領眾人下潛移除海星大軍。

為什麼棘冠海星會大爆發？這屬於自然現象嗎？科學家還沒有確切定論，目前有些研究支持一項假說：「天然掠食者的消失」。面對海星的毒刺，美麗的大法螺和曲紋唇魚似乎刀槍不入，有能力取食成年海星，但光是保護特定天敵就足以防止棘冠海星大爆發嗎？

表面上棘冠海星的繁殖能力驚人（一隻每年可以產下數千萬個卵），牠們在生命的前期卻很脆弱，那些剛受精、正處於浮游時期的海星寶寶會受到各種魚類、貝類取食，而成功下降到珊瑚礁底層生活的小海星也受到珊瑚礁魚類、蝦蟹捕食。部分科學家認為這個階段的掠食者可能很關鍵！由於天然掠食者不乏各種經濟魚類，也許周邊海域的漁業活動一定程度地影響了棘冠海星的數量，最終形成連鎖效應。看來棘冠海星還有很多祕密等著被揭開呢！

棘冠海星屬

Acanthaster sp.

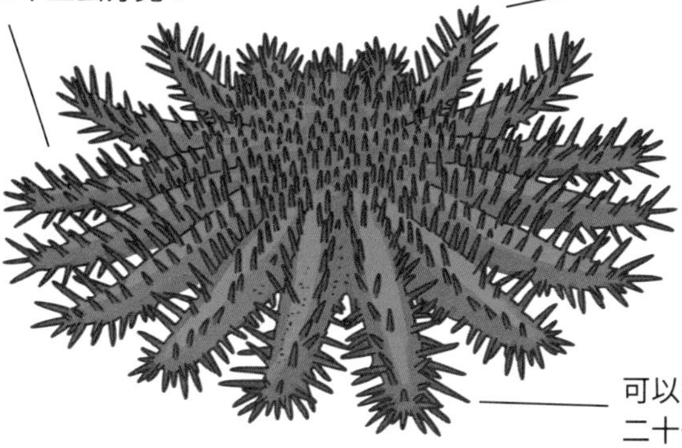
可以長到三十五公分寬！
成年的棘冠海星身上遍布毒刺
可以長出多達
二十一隻手臂

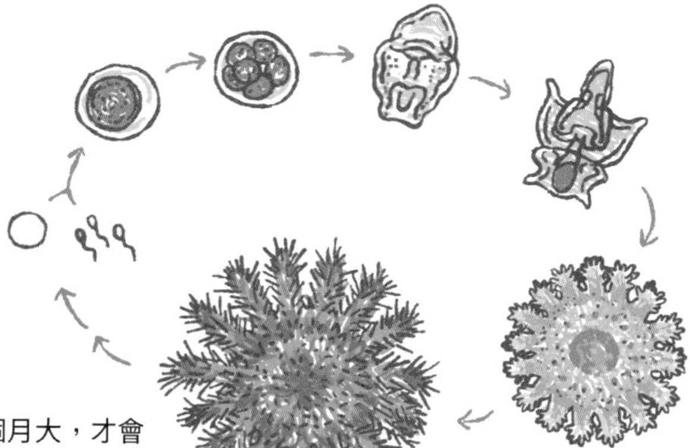
浮游時期的棘冠海星寶寶
大約六個月大，才會
開始吃造礁珊瑚。
剛降下來的小海星，
身上有粉紅的隱蔽色

大法螺的殼很漂亮，容易被採集收藏，為了保留棘冠海星的天敵，許多人提倡應該保護大法螺！

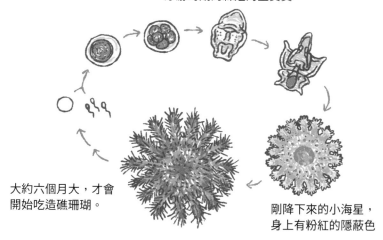

13

馬祖藍眼淚 夜光蟲的吃到飽派對

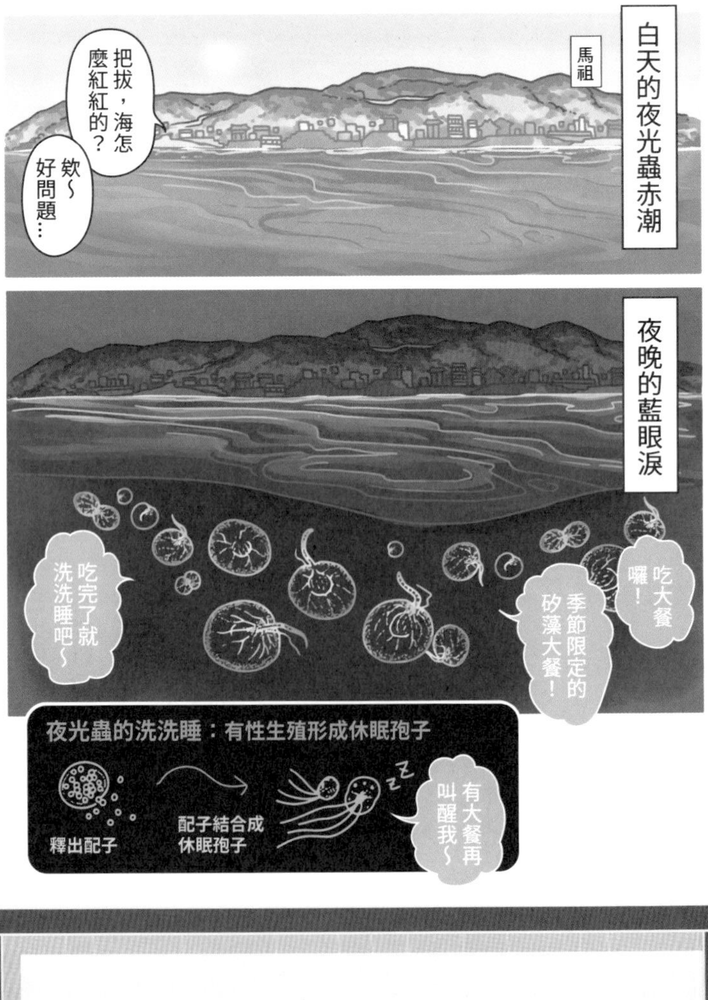

馬祖的藍眼淚十分有名，人們期待在春夏季的夜晚目睹一波波發光浪濤，對此奇觀趨之若鶩。藍眼淚的光芒源自於一種浮游生物：夜光蟲。

在聊「藍眼淚」之前先問問大家：您看過日本漫畫家漆原友紀的作品《蟲師》嗎？其中的篇章《啼唱之貝》就曾描述海上的災害「赤潮」現象。漆原友紀以畫筆創造了形似飛鳥的蟲「啼貝」。啼貝平時在海面飛翔、覓食海草，由於牠們率先察覺赤潮將至而紛紛躲到海灘的貝殼裡避難。最終赤潮導致漁民圈養的漁獲全軍覆沒，卻也讓曾經離散的人心再度集結、攜手共度難關。

究竟「赤潮」是什麼？為何會導致漁獲全數陣亡？赤潮現象源自於浮游生物的爆發性增生，將海水染上不同的顏色。由於赤潮可能起因於不同浮游生物，帶來的後續影響也不同，較為嚴重的案例還會產生毒素，造成水中生物死亡。

赤潮與藍眼淚有什麼關係？如果你期待在馬祖找到藍眼淚，可以趁白天先到海邊探路，尋找一片紅色潮水，這很有可能就是「夜光蟲赤潮」唷！馬祖夜光蟲體內有類似胡蘿蔔素的物質而呈現淡紅色，見到赤潮意味著此處集結了夜光蟲，入夜後可能是個觀察藍眼淚的好地方。

夜光蟲大量增生並不會產生毒素，但會造成海中溶氧下降，所幸研究發現馬祖的水質通常會在三天內恢復，因此我們不必太過擔心。

藍眼淚為何季節限定？因為夜光蟲的主要食物是矽藻。在豐水期的四月到九月，閩江為馬祖沿岸帶來豐富的礦物鹽，滋養了矽藻的大量生長，也讓沉睡的夜光蟲甦醒、數量爆發。一旦夜光蟲感受到食物不夠吃，就會準備「洗洗睡」：也就是啟動有性生殖，雌配子與雄配子結合成為休眠孢子。夜光蟲以休眠孢子的形式在海中沉沉睡去，等待下一次的矽藻大餐。

夜光蟲

Noctiluca scintillans

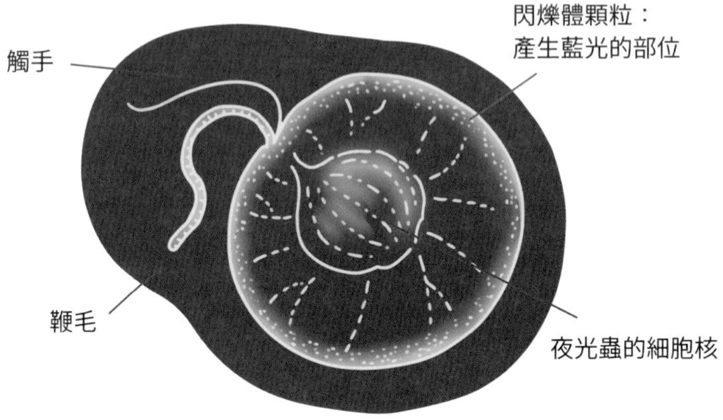
閃爍體顆粒：
產生藍光的部位
觸手
鞭毛
夜光蟲的細胞核

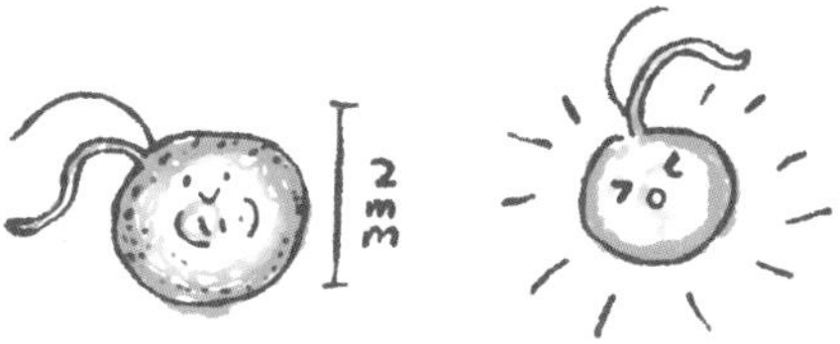

夜光蟲每次發光大約只持續〇・〇八秒，得休息一段時間才能再次發光。

夜光蟲體積大小介於〇・二到二毫米之間，在同類裡算很大隻！

夜光蟲只有在受擾動才會發光，因此無風無浪時不容易觀察牠們發光喔！

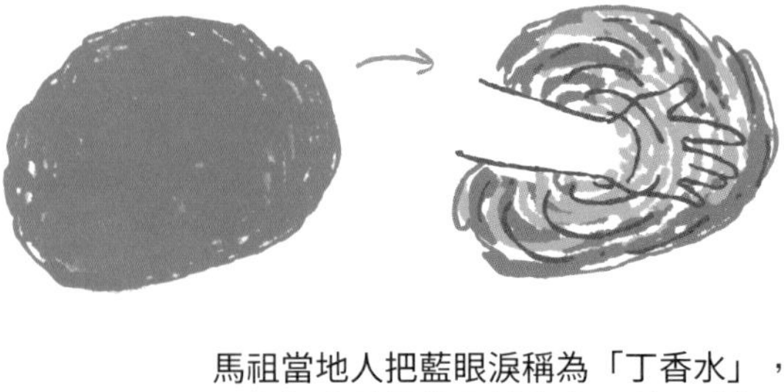

馬祖當地人把藍眼淚稱為「丁香水」，因為如此營養的水域十分吸引丁香魚！

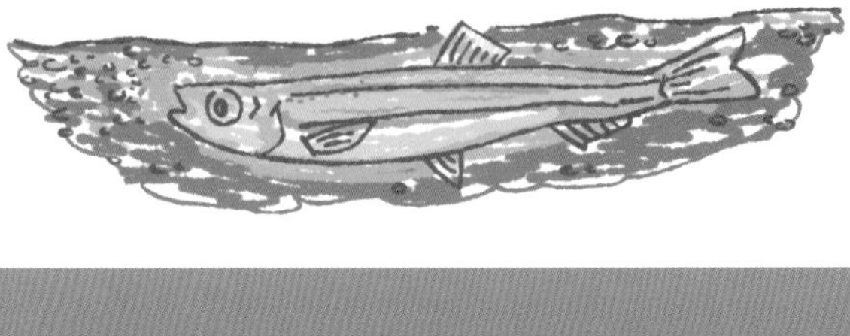

我的觀察筆記

國家圖書館出版品預行編目資料

喫！原來你是小饕客：臺灣野生動物的覓食手記 / 玉子著. -- 初版. -- 臺北市：商周出版, 城邦文化事業股份有限公司出版：英屬蓋曼群島商家庭傳媒股份有限公司城邦分公司發行, 2024.07
面；公分
ISBN 978-626-390-192-6（平裝）

1.CST: 野生動物 2.CST: 動物生態學 3.CST: 通俗作品

383.5 113008794

噢！原來你是小饕客

臺灣野生動物的覓食手記

作　　者 / 玉子
審　　定 / 林大利、曾柏諺
企劃選書 / 梁燕樵
責任編輯 / 林瑾俐

版　　權 / 吳亭儀
行銷業務 / 林詩富、周丹蘋
總 編 輯 / 楊如玉
總 經 理 / 彭之琬
事業群總經理 / 黃淑貞
發 行 人 / 何飛鵬
法律顧問 / 元禾法律事務所　王子文律師
出　　版 / 商周出版
城邦文化事業股份有限公司
台北市南港區昆陽街 16 號 4 樓
電話：(02) 2500-7008 傳眞：(02) 2500-7579
E-mail：bwp.service@cite.com.tw
發　　行 / 英屬蓋曼群島商家庭傳媒股份有限公司城邦分公司
台北市南港區昆陽街 16 號 8 樓
書虫客服服務專線：(02) 2500-7718・(02) 2500-7719
24 小時傳眞服務：(02) 2500-1990・(02) 2500-1991
服務時間：週一至週五 09:30-12:00・13:30-17:00
劃撥帳號：19863813　戶名：書虫股份有限公司
讀者服務信箱 E-mail：service@readingclub.com.tw
城邦讀書花園 網址：www.cite.com.tw
香港發行所 / 城邦（香港）出版集團有限公司
香港九龍土瓜灣土瓜灣道 86 號順聯工業大廈 6 樓 A 室
電話：(852) 2508-6231　傳眞：(852) 2578-9337
E-mail：hkcite@biznetvigator.com
馬新發行所 / 城邦（馬新）出版集團 Cité (M) Sdn. Bhd.
41, Jalan Radin Anum, Bandar Baru Sri Petaling,
57000 Kuala Lumpur, Malaysia
電話：(603) 9057-8822　傳眞：(603) 9057-6622

封面設計 / 周家瑤
內文排版 / 新鑫電腦排版工作室
印　　刷 / 韋懋實業有限公司
經 銷 商 / 聯合發行股份有限公司
電話：(02) 2917-8022　傳眞：(02) 2911-0053
地址：新北市 231 新店區寶橋路 235 巷 6 弄 6 號 2 樓

■ 2024 年 7 月初版
定價 320 元

Printed in Taiwan
城邦讀書花園
www.cite.com.tw

ISBN 978-626-390-192-6

廣	告	回	函
北區郵政管理登記證			
台北廣字第000791號			
郵資已付，免貼郵票			

115台北市南港區昆陽街16號4樓
英屬蓋曼群島商家庭傳媒股份有限公司　城邦分公司

請沿虛線對摺，謝謝！

書號：BK5222　**書名：**噢！原來你是小饕客　**編碼：**

請於此處用膠水黏貼

商周出版

讀者回函卡

線上版讀者回函卡

感謝您購買我們出版的書籍！請費心填寫此回函卡，我們將不定期寄上城邦集團最新的出版訊息。

姓名：＿＿＿＿＿＿＿＿＿＿ 性別：☐男 ☐女

生日：西元＿＿＿＿年＿＿＿＿月＿＿＿＿日

地址：＿＿＿＿＿＿＿＿＿＿

聯絡電話：＿＿＿＿＿＿＿＿ 傳真：＿＿＿＿＿＿＿＿

E-mail ：

學歷：☐ 1. 小學 ☐ 2. 國中 ☐ 3. 高中 ☐ 4. 大學 ☐ 5. 研究所以上

職業：☐ 1. 學生 ☐ 2. 軍公教 ☐ 3. 服務 ☐ 4. 金融 ☐ 5. 製造 ☐ 6. 資訊
☐ 7. 傳播 ☐ 8. 自由業 ☐ 9. 農漁牧 ☐ 10. 家管 ☐ 11. 退休
☐ 12. 其他＿＿＿＿＿＿＿＿

您從何種方式得知本書消息？

☐ 1. 書店 ☐ 2. 網路 ☐ 3. 報紙 ☐ 4. 雜誌 ☐ 5. 廣播 ☐ 6. 電視
☐ 7. 親友推薦 ☐ 8. 其他＿＿＿＿＿＿＿＿

您通常以何種方式購書？

☐ 1. 書店 ☐ 2. 網路 ☐ 3. 傳真訂購 ☐ 4. 郵局劃撥 ☐ 5. 其他＿＿＿＿

您喜歡閱讀那些類別的書籍？

☐ 1. 財經商業 ☐ 2. 自然科學 ☐ 3. 歷史 ☐ 4. 法律 ☐ 5. 文學
☐ 6. 休閒旅遊 ☐ 7. 小說 ☐ 8. 人物傳記 ☐ 9. 生活、勵志 ☐ 10. 其他

對我們的建議：＿＿＿＿＿＿＿＿＿＿

請於此處用膠水黏貼